plurall

Esta obra está no **Plurall**. Baixe o app no seu celular ou acesse **http://plurall.net** e descubra uma nova forma de estudar!

CB123394

AAAJRBCHQ

Atenção! Somente serão liberados conteúdos e serviços relacionados a esta obra.

651

Ajuda: @plurallnet

SOMOS EDUCAÇÃO

LIV EFII PROJ TELARIS CAD. BIOLO FSC MISTO AL 9º ANO 550321 Aluno

projeto

Teláris

Caderno Complementar de Biologia

9

Ciências

Sérgio Linhares
Fernando Gewandsznajder

Sérgio Linhares

- Bacharel e licenciado em História Natural pela Universidade do Brasil (atual UFRJ)
- Ex-professor de Biologia Geral da Universidade do Brasil (atual UFRJ)
- Ex-professor de Biologia do Colégio Pedro II, no Rio de Janeiro (Autarquia Federal – MEC)

Fernando Gewandsznajder

- Licenciado em Biologia pelo Instituto de Biologia da Universidade Federal do Rio de Janeiro (UFRJ)
- Mestre em Educação pelo Instituto de Estudos Avançados em Educação da Fundação Getúlio Vargas (FGV-RJ)
- Mestre em Filosofia pela Pontifícia Universidade Católica do Rio de Janeiro (PUC-RJ)
- Doutor em Educação pela Faculdade de Educação da Universidade Federal do Rio de Janeiro (UFRJ)
- Ex-professor de Biologia do Colégio Pedro II, no Rio de Janeiro (Autarquia Federal – MEC)

editora ática

editora ática

Diretoria de conteúdo e inovação pedagógica
Mário Ghio Júnior
Diretoria editorial
Lidiane Vivaldini Olo
Gerência editorial
Luiz Tonolli
Editoria de Ciências e Biologia
José Roberto Miney
Edição
Helena Pacca, Daniella Drusian Gomes e Felipe Murro Capeli
Arte
Ricardo de Gan Braga (superv.),
Andréa Dellamagna (coord. de criação),
Mauro Fernandes (editor de arte),
e Typegraph (diagram.)
Revisão
Hélia de Jesus Gonsaga (ger.), Rosângela Muricy (coord.),
Ana Paula Chabaribery Malfa, Célia Carvalho,
Gabriela Macedo de Andrade e Brenda Morais (estag.)
Iconografia
Sílvio Kligin (superv.),
César Wolf e Fernanda Crevin (tratamento de imagem)
Fotos: Anna Omelchenko/Shutterstock/Glow Images (Capa),
Hxdbzxy/Shutterstock/Glow Images (abertura 1),
K & K Ammann/Taxi/Getty Images (abertura 2),
Kevin Schafer/Minden Pictures/Latinstock (abertura 3),
Fabio Colombini/Acervo do fotógrafo (abertura 4)
Ilustrações
Adilson Secco, Casa de Tipos, Christiane S. Messias,
Hiroe Sasaki, Luis Iria, Luís Moura, Rodval Matias

Fotos: Hxdbzxy/Shutterstock/Glow Images (abertura 1),
K & K Ammann/Taxi/Getty Images (abertura 2),
Kevin Schafer/Minden Pictures/Latinstock (abertura 3),
Fabio Colombini/Acervo do fotógrafo (abertura 4)

Foto da capa: Anna Omelchenko/Shutterstock/Glow Images

Direitos desta edição cedidos à Editora Ática S.A.
Avenida das Nações Unidas, 7221, 3º andar, Setor C
Pinheiros – São Paulo – SP – CEP 05425-902
Tel.: 4003-3061
www.atica.com.br / editora@atica.com.br

Dados Internacionais de Catalogação na Publicação (CIP)
(Câmara Brasileira do Livro, SP, Brasil)

Linhares, Sérgio
Projeto Teláris : caderno complementar de biologia : ciências, 9º ano / Sérgio Linhares, Fernando Gewandsznajder. – 2. ed. – São Paulo : Ática, 2015. – (Projeto Teláris : Ciências)

1. Biologia (Ensino fundamental) 2. Ciências (Ensino fundamental) I. Gewandsznajder, Fernando. II. Título. III. Série.

CDD-372.357
15-03954 372.35

Índices para catálogo sistemático:
1. Biologia : Ensino fundamental 372.357
2. Ciências : Ensino fundamental 372.35

2018

ISBN 978 85 08 17442 3 (AL)
ISBN 978 85 08 17443 0 (PR)
Cód. da obra CL 739118
CAE 550 321 (AL) / 550 303 (PR)

2ª edição
5ª impressão

Impressão e acabamento
Brasilform Editora e Ind. Gráfica

Legendas das fotos:
Capa: Camaleão.
Unidade 1: Filhote de jacaré.
Unidade 2: Girafas: adulto e filhote.
Unidade 3: Fóssil de *Platygonus compressus*.
Unidade 4: Louva-a-deus comendo gafanhoto.

Sumário

Reprodução

Capítulo 1 • Tipos de reprodução, 6
1. Reprodução assexuada, 6
2. Reprodução sexuada, 6
3. Reprodução humana, 10

Genética

Capítulo 2 • Primeira lei de Mendel, 20
1. A experiência de Mendel, 21
2. Cruzamento-teste, 24
3. Dominância incompleta e codominância, 24
4. Genes letais, 25
5. Genética: a base molecular, 26
6. Resolução de problemas de monoibridismo, 28

Capítulo 3 • Segunda lei de Mendel, 35
Experiência de Mendel, 35

Capítulo 4 • Polialelia e grupos sanguíneos, 42
1. Alelos múltiplos em coelhos, 42
2. Sistema ABO de grupos sanguíneos, 42
3. Sistema Rh de grupo sanguíneo, 44

Luís Gomes/Arquivo da editora

Capítulo 5 • Sexo e herança genética, 51
1. Cromossomos sexuais, 51
2. Herança ligada ao sexo, 51
3. Outros tipos de herança relacionada ao sexo, 55
4. Análise de heredogramas, 55
5. Problemas resolvidos, 56

Capítulo 6 • Alterações cromossômicas, 63
1. Alterações numéricas, 63
2. Alterações estruturais, 66
3. Exames na gravidez, 66

Evolução

Capítulo 7 • Teorias evolutivas, 72
1. Lamarckismo, 72
2. Darwinismo, 73
3. Neodarwinismo, 74

Capítulo 8 • A história dos seres vivos, 86
1. Origem da vida: primeiras teorias, 86
2. Teoria de Oparin e Haldane, 87
3. Outras teorias sobre a origem da vida, 89
4. Evolução dos animais, 89
5. Evolução das plantas, 93

Ecologia

Capítulo 9 • Cadeias, teias e pirâmides alimentares, 106
1. Cadeias alimentares, 106
2. Teias alimentares, 106
3. Pirâmides ecológicas, 108
4. Magnificação trófica, 109

Respostas da seção "Refletindo e concluindo" e do Enem, 112

Reprodução

A reprodução é o processo pelo qual um organismo produz descendentes e transmite a eles os seus genes. Esse é o assunto que estudaremos neste capítulo.

capítulo 1

Tipos de reprodução

1 Reprodução assexuada

Na reprodução assexuada participa apenas um indivíduo. Os descendentes são formados por mitoses e, caso não ocorram mutações, são cópias genéticas (clones) do indivíduo original. A vantagem está nos fatos de ser um processo mais rápido que a reprodução sexuada e de que um único organismo é suficiente para produzir descendentes.

Em certos animais, como a planária, os platelmintos e os equinodermas, o corpo parte-se em dois ou mais pedaços (**fissão** ou **fragmentação**) e cada pedaço regenera por mitoses a parte perdida, formando dois ou mais filhotes (figura 1.1).

Outras vezes, em uma parte do corpo cresce um broto, que corresponde a um esboço de filhote (**brotamento**; figura 1.2). Esse broto se desprende e continua a crescer até produzir um novo indivíduo. Algumas vezes, o broto não se desliga; com o aparecimento de novos brotamentos, o conjunto pode formar uma colônia, como ocorre nos corais.

Quanto mais simples a organização do corpo de um animal, maior sua capacidade de reprodução por esses processos. Portanto, a reprodução assexuada depende da capacidade de regeneração do organismo.

2 Reprodução sexuada

Ao contrário da assexuada, pela reprodução sexuada são originados filhos com variedade genética muito grande, pois os gametas, produzidos por meiose, são geneticamente distintos e podem associar-se de várias maneiras durante a fecundação.

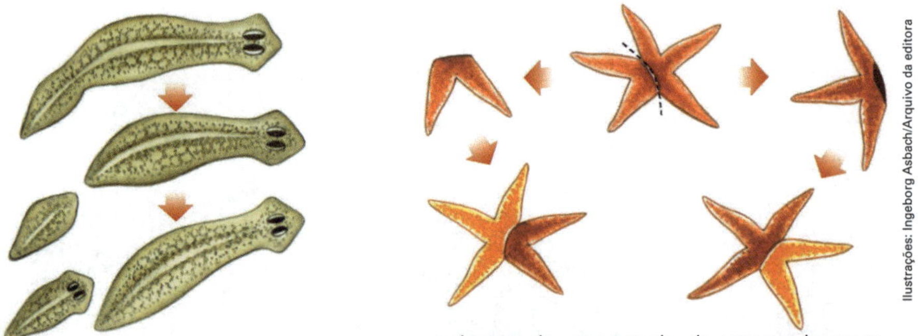

planária dividindo-se em duas

os braços de uma estrela-do-mar podem ser regenerados se possuírem parte do disco central

1.1 **Reprodução assexuada em planária e estrela-do-mar.**

1.2 **Brotamento em hidras.**

Uma vantagem evolutiva da reprodução sexuada está no fato de ela poder conferir proteção contra mudanças ambientais, como o aparecimento de um parasita: alguns descendentes poderiam apresentar combinações genéticas que os tornariam mais resistentes aos parasitas do que seus pais. As espécies com reprodução assexuada seriam mais suscetíveis a ataques de parasitas. É o que acontece, por exemplo, em monoculturas agrícolas em que é necessário usar agrotóxicos para evitar a destruição por pragas.

Gametogênese

A **gametogênese** é a produção de gametas e ocorre nas **glândulas sexuais** ou **gônadas**. Os espermatozoides – produzidos por **espermatogênese** – formam-se nos **testículos**. Os óvulos – produzidos por **ovulogênese** – são formados nos **ovários**. Nos dois casos, o processo compreende as etapas de multiplicação, crescimento e maturação.

Na multiplicação, determinadas células – as **gônias** (**espermatogônias** do testículo e **ovogônias** do ovário) – multiplicam-se intensamente por divisões mitóticas. As células resultantes iniciam a fase de crescimento. No caso das ovogônias é um período durante o qual a célula aumenta muito de volume por causa do acúmulo de alimento (vitelo) no citoplasma. As células resultantes do período de crescimento, chamadas de **cito primário** ou **cito I** (**espermatócito** e **ovócito primários**), iniciam a fase de maturação, que corresponde a uma meiose.

Na espermatogênese, essa meiose produz quatro células haploides para cada espermatócito primário que inicia a divisão. As duas células resultantes da primeira divisão da meiose são chamadas de **citos secundários** ou **citos II** (**espermatócitos secundários**) e as quatro finais são as **espermátides** (figura 1.3), que se diferenciam em espermatozoides pelo processo de **espermiogênese** ou **fase de especialização**.

Na ovulogênese, a primeira divisão da meiose de cada ovócito primário produz uma célula grande (**ovócito secundário**) e uma atrofiada (**primeiro polócito** ou **primeiro glóbulo polar**). O mesmo ocorre na segunda divisão, em que se produzem uma **ovótide** ou **óvulo** e o **segundo polócito** ou **segundo glóbulo polar**. Portanto, cada ovócito primário produz apenas um óvulo (figura 1.4).

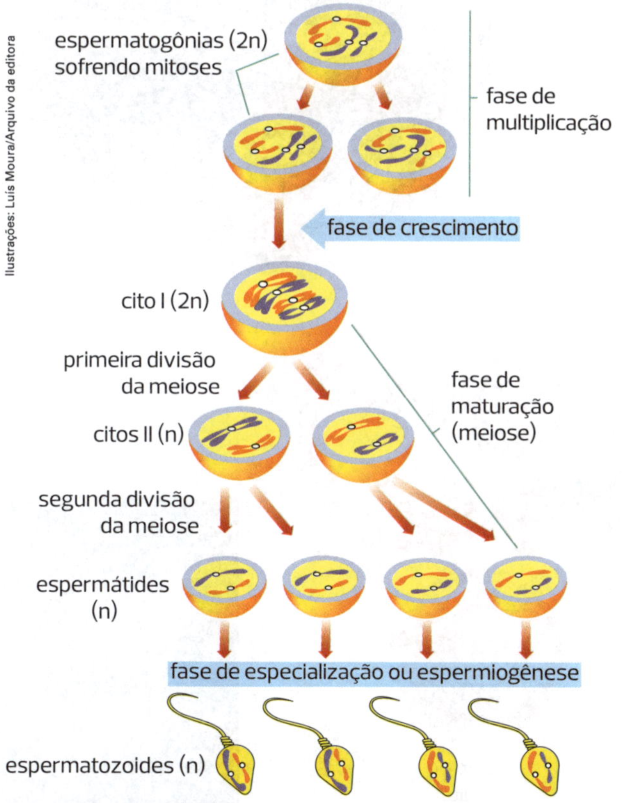

1.3 **Espermatogênese de um animal com quatro cromossomos nas células do corpo. Observe que a primeira divisão da meiose reduz o número de cromossomos à metade. Na segunda divisão os cromossomos duplos (cada um com duas cromátides) voltam a ser simples.**

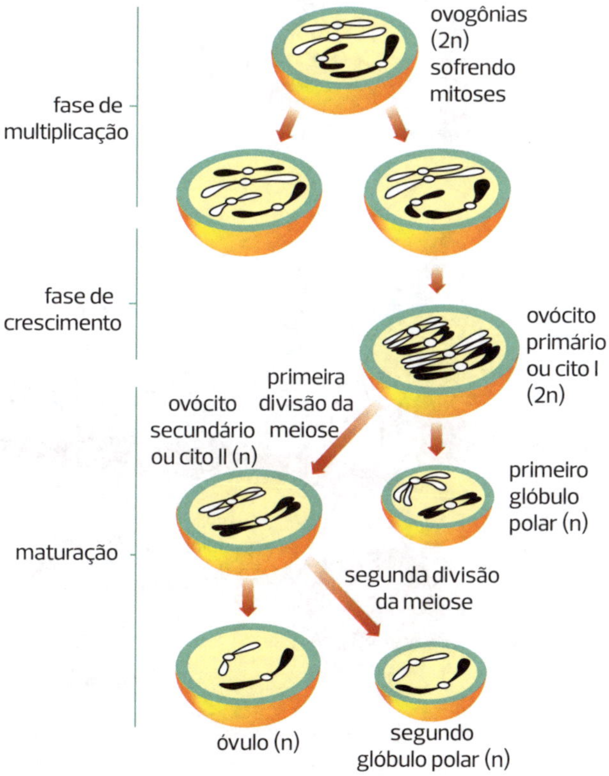

1.4 **Ovulogênese de um animal com quatro cromossomos nas células do corpo (observe que do ovócito primário se forma apenas um óvulo).**

Na maioria dos mamíferos, a primeira divisão da meiose ocorre imediatamente antes da ovulação (processo em que o cito II é lançado na tuba uterina). A segunda divisão da meiose só se completa se o espermatozoide penetrar no cito II.

Fecundação

Primeiro, o espermatozoide dissolve com enzimas liberadas pelo acrossoma a **zona pelúcida**, camada gelatinosa que cobre o óvulo ou o cito II. Nos mamíferos, antes dessa camada gelatinosa há a **coroa radiada**, barreira de células que se desprendem do ovário com o óvulo (figura 1.5).

Após a penetração do espermatozoide, forma-se, nos mamíferos, a **membrana de fecundação**, que impede a entrada de outros espermatozoides. Essa membrana é formada a partir de substâncias contidas em grãos da periferia do óvulo, os **grânulos corticais** (figura 1.5). Em anfíbios, répteis e aves, pode penetrar mais de um espermatozoide (**polispermia**), mas apenas um é utilizado; os outros são destruídos por enzimas do óvulo.

A última etapa da fecundação é a **cariogamia** (*cario* = núcleo; *gamo* = casamento), também chamada de *singamia* (*sin* = aproximação) e *anfimixia* (*anfi* = duplo; *mixia* = mistura). Nela o núcleo do espermatozoide (*pró-núcleo masculino*) se funde com o núcleo do óvulo (*pró-núcleo feminino*) e forma-se o zigoto, que, logo em seguida, sofre a primeira mitose de seu desenvolvimento.

O óvulo contribui com o núcleo e o citoplasma (e suas organelas) para o desenvolvimento da célula-ovo; o espermatozoide contribui apenas com o núcleo (as mitocôndrias do colo não penetram no óvulo ou, quando penetram, são destruídas).

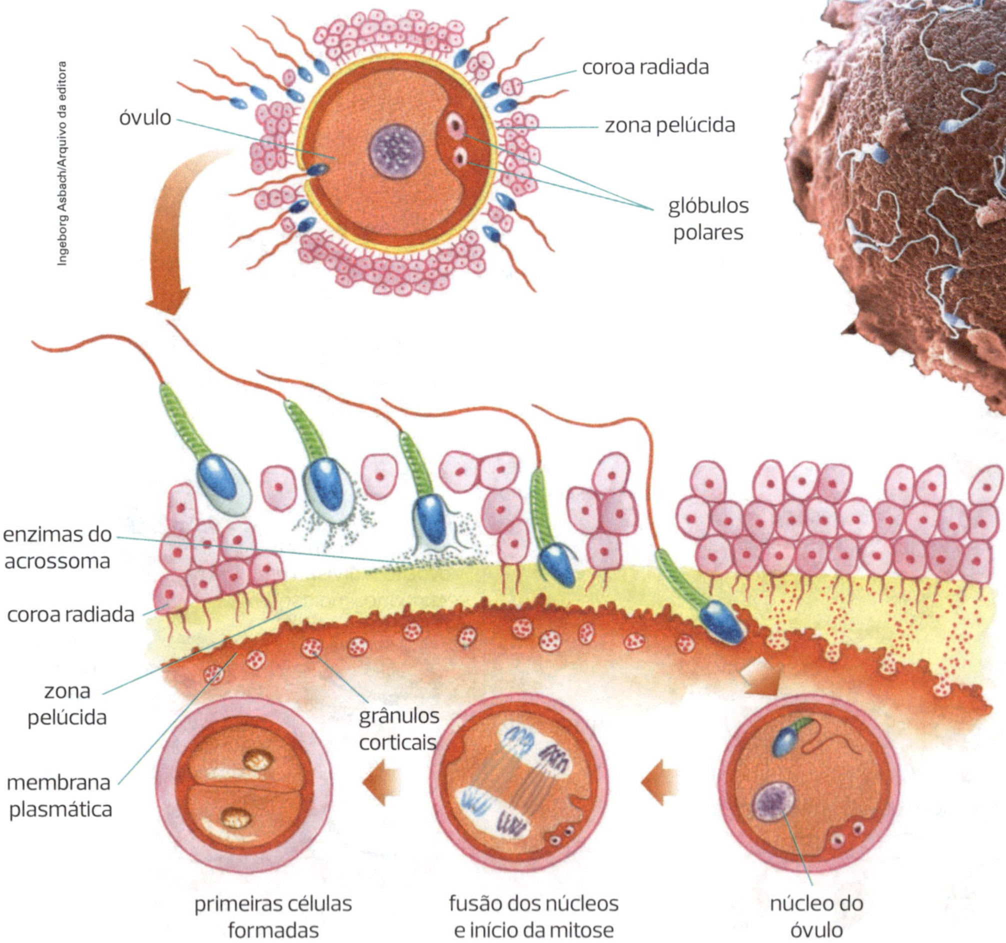

Ingeborg Asbach/Arquivo da editora

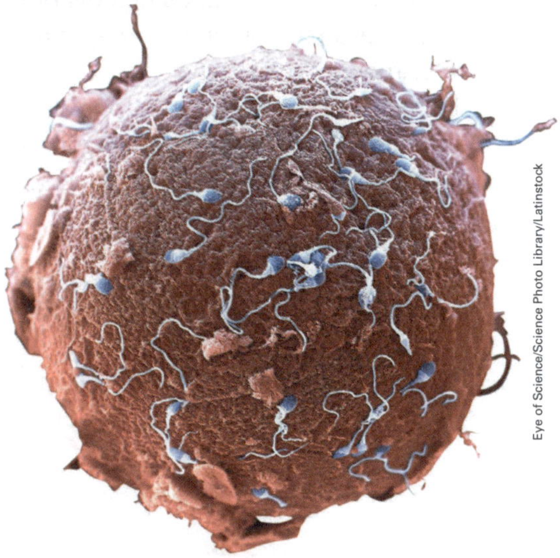

Eye of Science/Science Photo Library/Latinstock

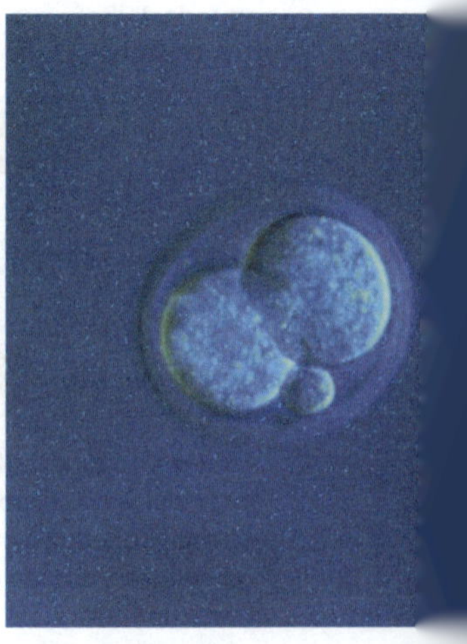

David Spears Ltd/Science Photo Library/Latinstock

1.5 Detalhes da fecundação; na foto em cima, espermatozoides ao redor do óvulo e, na foto embaixo, duas células e glóbulo polar após a fecundação, ainda envoltos pela zona pelúcida (microscópio eletrônico; cores artificiais).

A fecundação pode ser:

- **externa** – frequente em muitos invertebrados aquáticos, em muitos peixes e na maioria dos anfíbios. O macho e a fêmea lançam seus gametas na água e o encontro entre eles ocorre fora do corpo. A quantidade de gametas produzidos é significativa para compensar a grande perda; por exemplo, a fêmea do dourado produz cerca de 2 milhões de óvulos durante a época de reprodução, mas estima-se que menos de dez filhotes conseguem chegar à fase adulta;
- **interna** – forma dominante de fecundação para os animais terrestres, ela é realizada por répteis, aves, mamíferos e diversos invertebrados (insetos, aranhas, etc.), mas é frequente também em alguns animais aquáticos, como o polvo, a lula e alguns peixes. Como os espermatozoides são lançados no sistema reprodutor feminino, a fecundação interna é uma importante adaptação à vida terrestre, que impede a desidratação dos gametas. Esse tipo de fecundação reduz ao máximo o desperdício de gametas e permite uma economia no número de óvulos produzidos. Com ela surgiram hábitos mais complexos de corte: em muitas espécies, o macho possui um pênis, órgão que facilita a introdução de gametas na fêmea.

Sexo dos descendentes

A maioria das espécies, incluída a humana, possui um par de cromossomos sexuais ou heterocromossomos, responsável pela diferença entre os sexos. Em geral, as fêmeas apresentam dois cromossomos sexuais idênticos um ao outro (cromossomo X), e os machos têm um cromossomo idêntico ao das fêmeas (X) e outro diferente (Y). Assim, as fêmeas são **homogaméticas** (XX) e produzem óvulos com um dos cromossomos X; os machos são **heterogaméticos** (XY) e produzem espermatozoides X e espermatozoides Y (figura 1.6; lembre-se de que os outros cromossomos do organismo são os autossomos).

O sexo é determinado no momento da fecundação. Se o óvulo for fecundado por um espermatozoide X, o embrião originará uma fêmea; se for fecundado por um espermatozoide Y, nascerá um macho. Portanto, a origem do sexo é determinada exclusivamente pelo espermatozoide.

Em alguns insetos, como o gafanhoto e a barata, a fêmea possui dois cromossomos sexuais (XX) e o macho apenas um (X0; o "0" indica a falta do cromossomo

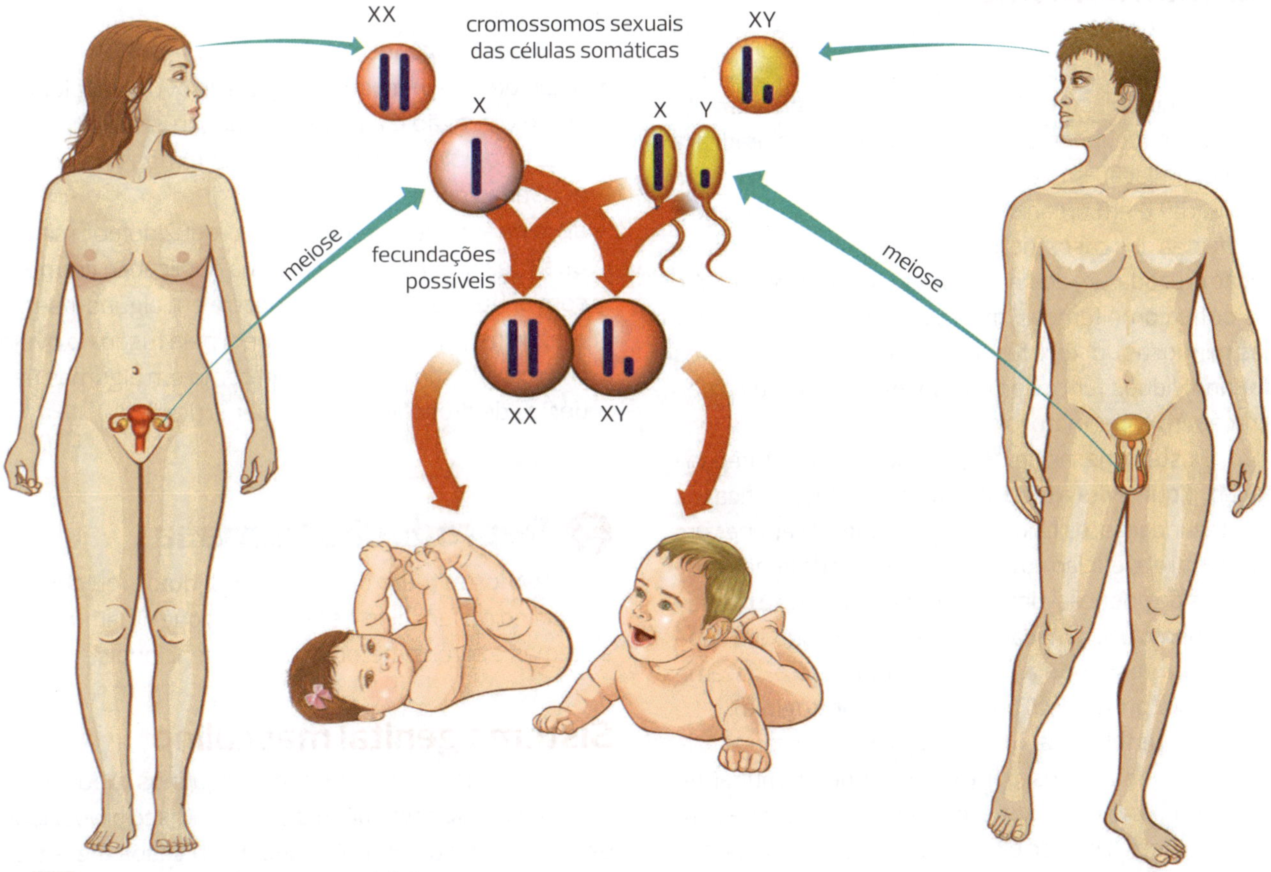

Ilustrações: Christiane S. Messias e Ingeborg Asbach/Arquivo da editora

1.6 Determinação do sexo na espécie humana.

sexual). Nas aves em geral, nas mariposas e nas borboletas, a fêmea possui cromossomos diferentes (ZW), e o macho é homogamético (ZZ; figura 1.7).

Na espécie humana, se o cromossomo Y está presente, a gônada primitiva do embrião transforma-se em testículo; na ausência desse cromossomo, forma-se um ovário. Definido o tipo de gônada, esta produz hormônios que estimulam o desenvolvimento do sistema sexual masculino ou feminino e as características sexuais que aparecem na puberdade: barba, voz mais grossa e maior desenvolvimento muscular no homem; aumento dos seios e dos quadris na mulher.

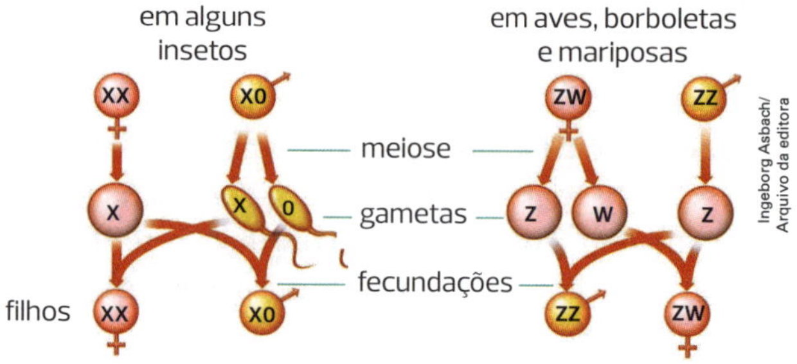

1.7 **Determinação do sexo nos sistemas XX/X0 e ZZ/ZW.**

Hermafroditismo

Em várias espécies de invertebrados, um mesmo indivíduo produz normalmente espermatozoides e óvulos (hermafroditismo). Em princípio, o ser hermafrodita é capaz de fecundar-se a si mesmo, mas, na prática, a autofecundação só ocorre em alguns parasitas (como a solitária) e em organismos fixos que vivem isolados. Na maioria dos casos, os hermafroditas realizam fecundação cruzada: um dos indivíduos funciona como macho e o outro como fêmea. Em alguns casos (por exemplo, nas minhocas), ocorre fecundação recíproca, na qual os dois indivíduos funcionam como macho e fêmea e dão e recebem espermatozoides.

Existem mecanismos que dificultam a autofecundação, o que evita a redução da variedade genética (na autofecundação, os filhos recebem genes de apenas um indivíduo) e a reunião no mesmo indivíduo de genes causadores de doenças. Um desses mecanismos é o amadurecimento das gônadas do mesmo indivíduo em épocas diferentes; pode amadurecer primeiro o sistema masculino (**protandria**) ou o feminino (**protoginia**).

Nos vertebrados, o hermafroditismo é menos frequente. Alguns peixes, por exemplo, podem mudar de sexo, como certos peixes em que um macho vive com várias fêmeas. Quando ele morre, uma das fêmeas, geralmente a maior, transforma-se em macho.

Partenogênese

Embora considerada uma reprodução assexuada, a **partenogênese** apresenta características diferentes da reprodução assexuada típica, pois há um sistema reprodutor que produz gametas femininos (óvulos). Estes se desenvolvem sem a participação de espermatozoides e não há, portanto, mistura de genes de dois gametas diferentes (fecundação).

Em alguns insetos, vermes e crustáceos, é o mecanismo normal de reprodução. Nas abelhas, todos os machos da colmeia (zangões) surgem por partenogênese e as fêmeas (operárias e rainhas) por fecundação. Durante o voo nupcial, a rainha recebe os espermatozoides dos zangões e os armazena em uma bolsa (**espermateca**). Se a comunicação entre essa bolsa e o **oviduto** (canal que se comunica com o ovário) estiver aberta quando os óvulos estiverem passando, os espermatozoides saem e ocorre a fecundação; o ovo resultante originará uma larva feminina. Se o oviduto estiver fechado, os óvulos não serão fecundados e se desenvolverão por partenogênese, originando zangões. Se as larvas femininas que saem dos ovos forem alimentadas durante todo o seu desenvolvimento com geleia real (uma secreção produzida pelas operárias), formam-se rainhas; se receberem mel comum e pólen, nascem operárias.

A partenogênese pode ser:

- haploide – os indivíduos surgem de óvulos haploides, como o zangão e a pulga-d'água (crustáceo); as fêmeas haploides originam outras fêmeas haploides por várias gerações;
- diploide – quando um óvulo é produzido por mitose ou a meiose é precedida de uma duplicação cromossomial (tetraploidia), como ocorre em alguns insetos e lagartos; pode ocorrer também pela fusão do óvulo com o segundo glóbulo polar, como em algumas espécies de drosófila (mosca-das-frutas).

3 Reprodução humana

Vamos estudar o sistema reprodutor (ou genital) masculino e o feminino, os hormônios que atuam nesses sistemas e alguns métodos anticoncepcionais.

Sistema genital masculino

Nos testículos existem mil pequenos tubos enovelados (**túbulos seminíferos**), nos quais são produzidos os espermatozoides. Pelos **ductos** ou **vasos eferentes** eles são transportados para outro tubo, o **epidídimo**, no qual adquirem mobilidade (figura 1.8). Do epidídimo passam ao **ducto** ou **canal deferente**, que desemboca na uretra, pela qual saem durante a ejaculação.

As **glândulas bulbouretrais** ou **de Cowper**, as **vesículas seminais** e a **próstata** produzem secreções que, com os espermatozoides, formam o **sêmen** ou **esperma**. A secreção das vesículas seminais é rica em substâncias nutritivas, que facilitam a sobrevivência dos espermatozoides durante sua viagem em direção ao óvulo. A próstata produz um líquido alcalino que neutraliza a acidez da uretra e das secreções vaginais; as glândulas de Cowper produzem um líquido que, provavelmente, ajuda a neutralizar a acidez da uretra. Esta passa por dentro do pênis, que possui tecidos esponjosos ricos em vasos sanguíneos, os **corpos cavernosos** e o **corpo esponjoso**. Durante a excitação sexual, estímulos nervosos fazem com que as artérias do pênis se dilatem, acumulando sangue nesses tecidos e comprimindo as veias, o que obstrui o retorno do sangue. O resultado é a ereção: aumento do volume e enrijecimento do pênis.

Os testículos são estimulados por dois hormônios produzidos pela hipófise: o hormônio foliculoestimulante (FSH) e o hormônio luteinizante (LH) ou **hormônio estimulador das células intersticiais** (ICSH). O FSH estimula as **células de Sertoli** ou **epiteliócitos sustentadores** (que nutrem os espermatozoides) a desencadear a espermiogênese. O LH estimula as **células de Leydig** ou **células intersticiais** a secretar testosterona, hormônio responsável pelas características sexuais masculinas.

Em algumas crianças, um ou ambos os testículos podem não descer para a bolsa escrotal, o que caracteriza a **criptorquidia** (*cripto* = escondido; *orchis* = testículo). Se não for corrigida em tempo oportuno, com tratamento hormonal ou cirurgia, pode provocar esterilidade.

Sistema genital feminino

O sistema genital feminino é formado por um par de ovários e um par de **tubas uterinas** (ou **trompas de Falópio**), que desembocam no útero, órgão musculoso e oco, que aloja o embrião durante a gravidez. Dele sai a **vagina**, que se abre na **vulva** (órgão genital externo) e recebe o pênis durante o ato sexual; através dela o bebê sai no momento do parto (figura 1.9).

A abertura da vagina e da uretra é protegida pelos **grandes** e **pequenos lábios** (dobras de pele e mucosa). Um pouco acima do orifício da uretra está o **clitóris**, que, por possuir muitas terminações nervosas, é muito sensível a estímulos, além de apresentar tecidos que se enchem de sangue durante a excitação sexual. Em mulheres virgens há uma membrana perfurada (**hímen**) fechando parcialmente a abertura da vagina; em geral, ela rompe-se no primeiro ato sexual.

Os espermatozoides depositados na vagina nadam pelo útero até a parte superior das tubas, onde ocorre a fecundação. O zigoto sofre mitoses, de modo que, ao chegar ao útero, três a quatro dias depois, já está na forma de um pequeno aglomerado de células. Três

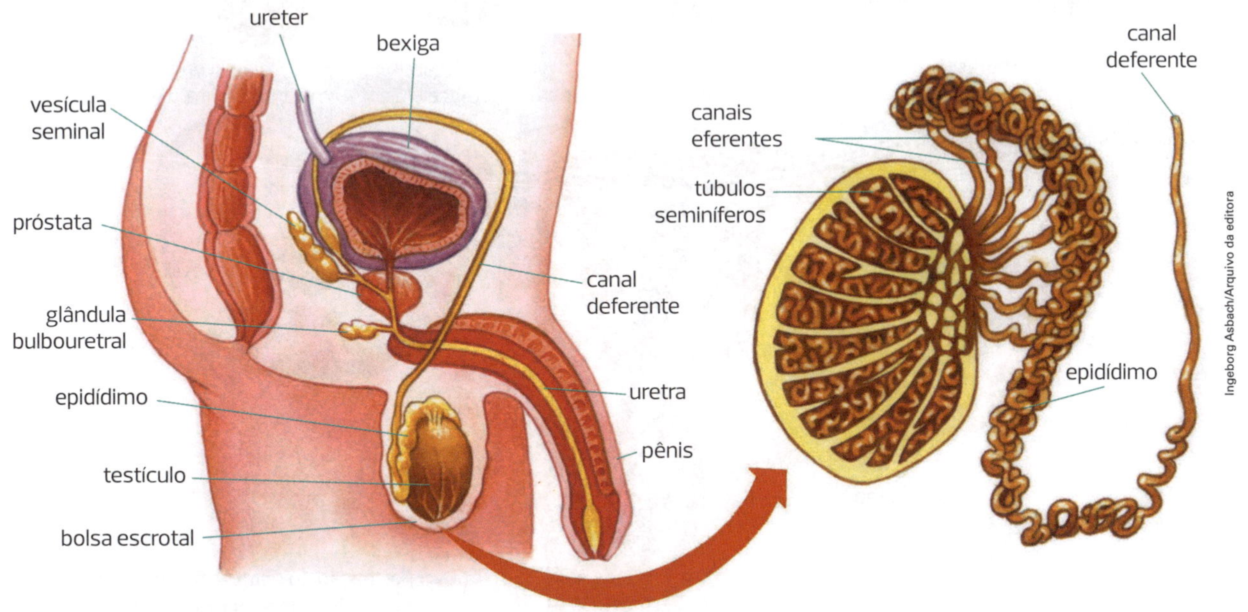

1.8 **Sistema genital masculino.**

dias depois ele se implanta no útero (**nidação**) e inicia-se a gravidez (figura 1.9).

Os ovários começam a funcionar já na fase embrionária, estimulados pelo **hormônio gonadotrofina coriônica humana** (HCG), produzido pela placenta. Por ocasião do nascimento, futuros óvulos situam-se no interior de "cachos" de células: os **folículos primários** ou **primordiais**. Em cada folículo, apenas uma ovogônia cresce, transforma-se em ovócito primário e inicia a primeira divisão da meiose. No nascimento, esse processo é interrompido. Depois, na puberdade, quando a menina é capaz de produzir seus próprios hormônios, a meiose continua.

Ciclo menstrual

Uma vez por mês, em média, o ovário lança um cito II na tuba (ovulação) e o útero prepara-se para receber um embrião. Se houver fecundação, o embrião se implantará e crescerá no útero. Caso não haja, a parte interna do útero desmancha-se e é eliminada pela vagina (**menstruação**). Essa série de acontecimentos no ovário e no útero é controlada pelo FSH e pelo LH e constitui o **ciclo menstrual**, dividido em três fases (figura 1.10):

- **proliferativa** ou **folicular** – o folículo cresce estimulado pelo FSH e produz estrogênios (estrógenos), hormônios que provocam o crescimento do **endométrio**, membrana que forra o útero e na qual o embrião se fixará e crescerá. Em geral, apenas um folículo termina seu crescimento e transforma-se em **folículo maduro** ou **de Graaf**. O ovócito primário termina a primeira divisão da meiose ao mesmo tempo que o folículo crescido se rompe, lançando o ovócito secundário na tuba uterina;
- **secretória** ou **lútea** – sob ação do LH, o folículo rompido transforma-se no **corpo amarelo** ou **lúteo**, glândula que secreta estrogênios e **progesterona**. Esta torna o endométrio espesso, vascularizado e cheio de secreções nutritivas;
- **menstrual** – o útero "espera" pelo embrião até cerca de catorze dias depois da ovulação; se não ocorrer fecundação e não chegar nenhum embrião até esse dia, o corpo lúteo degenera ao longo da segunda fase do ciclo, transforma-se em uma "cicatriz" (**corpo branco** ou **albicans**) e deixa de produzir os hormônios. A queda de progesterona provoca a degeneração e a eliminação de parte do endométrio (menstruação, que dura de três a sete dias).

Por convenção, considera-se o primeiro dia de menstruação o início do ciclo menstrual. Na primeira metade um novo folículo é estimulado pelo FSH e começa a crescer, produzindo estrogênios, cuja concentração aumenta gradativamente e inibe (controle por *feedback*) a produção de FSH e LH. No meio do ciclo, a alta taxa de estrogênios passa a ter efeito contrário, estimulando a produção de LH e, em menor grau, de FSH por meio de um *feedback* positivo. Observe na

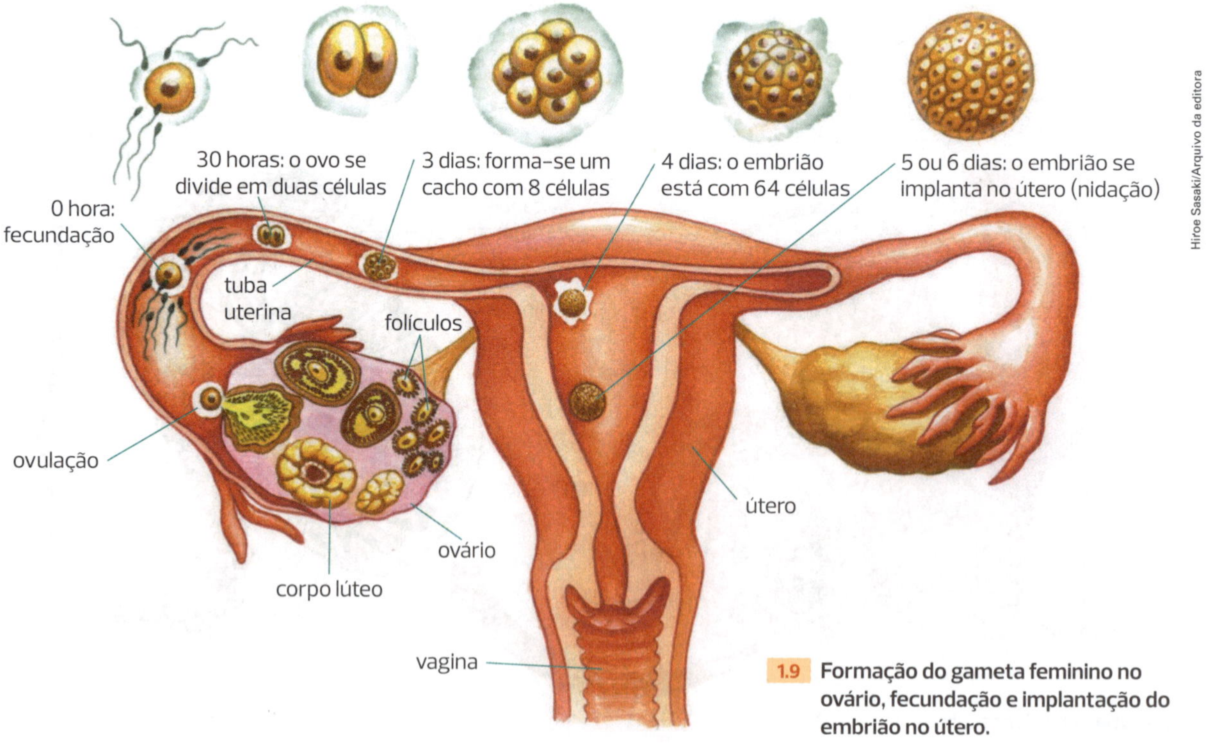

1.9 **Formação do gameta feminino no ovário, fecundação e implantação do embrião no útero.**

figura 1.10 que, logo após o pico de estrogênios, há um pico de LH e de FSH. Com o LH alto (perto do décimo quarto dia), ocorre a ovulação. Assim, é o LH que provoca a ovulação e a formação do corpo lúteo.

Após o pico de LH e da ovulação, a taxa de estrogênio cai. O corpo lúteo começa a secretar progesterona e a taxa desse hormônio aumenta. A concentração elevada de progesterona, associada a um pouco de estrogênio, inibe a produção de FSH e LH. Com a queda da concentração de LH, o corpo amarelo tende a regredir e a concentração de estrogênio e a de progesterona diminuem, o que provoca a menstruação e o desbloqueio da hipófise, e um novo ciclo inicia-se.

A primeira menstruação é chamada de **menarca**. Por volta dos cinquenta anos, ocorre a **menopausa**: a ovulação e a menstruação tornam-se irregulares e interrompem-se, por causa da queda na taxa de estrogênio e progesterona.

O óvulo pode ser fecundado em um período de 24 a 36 horas após ter sido eliminado do ovário. Alguns espermatozoides podem permanecer vivos no sistema genital feminino por 72 horas (ou mais). Assim, uma mulher pode engravidar se tiver uma relação 72 horas antes da ovulação e até 36 horas depois.

Como a ovulação ocorre de treze a quinze dias antes da próxima menstruação, o período fértil está perto do meio do ciclo. O período estéril está próximo ao início e ao fim do ciclo. Mas a duração do ciclo é variável; ela pode oscilar entre 21 e 35 dias, o que torna difícil prever o período fértil.

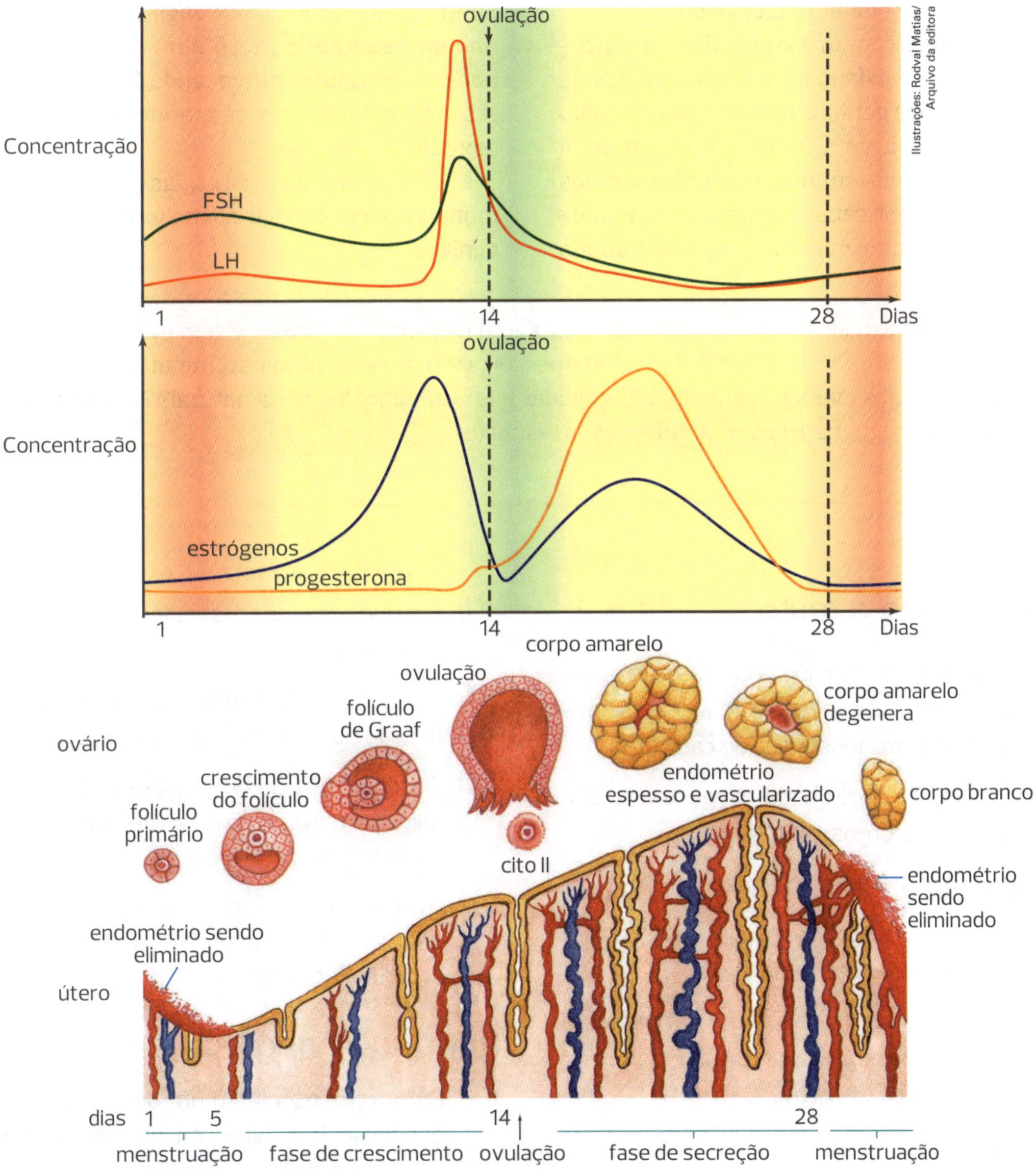

1.10 Esquema geral do ciclo menstrual, com as inter-relações entre hipófise, ovário e útero.

Em caso de gravidez, a placenta produz o hormônio HCG, que mantém o corpo lúteo ativo e impede que haja menstruação e ovulação. A detecção desse hormônio na urina ou no sangue serve de método para identificar a gravidez. Os testes de gravidez caseiros detectam o HCG na urina, em geral, 14 dias depois da concepção, mas não são infalíveis. Por isso, qualquer que seja o resultado, deve-se entrar em contato com o médico, que indicará um teste mais preciso. A partir do terceiro mês, com a produção de progesterona e estrógenos pela placenta, o corpo lúteo degenera, e o processo torna-se independente do ovário.

Aplique seus conhecimentos

Leia o texto abaixo e responda às questões.

Hermafroditismo na espécie humana

Indivíduos hermafroditas são muito raros na espécie humana. Apresentam testículos e ovários separados ou uma gônada mista (ovoteste) e são estéreis, com órgãos genitais malformados.

Um pouco mais comum é o pseudo-hermafroditismo, em que o indivíduo apresenta gônadas de um sexo, mas órgãos genitais ambíguos ou do sexo oposto. No pseudo-hermafroditismo feminino, a suprarrenal do embrião feminino produz hormônios masculinos, talvez por causas genéticas. O indivíduo passa a apresentar ovários e órgãos genitais ambíguos. Há, por exemplo, desenvolvimento maior do clitóris, que pode ser confundido com um pênis. No caso masculino, o indivíduo possui testículos dentro do abdome e uma vagina fechada no fundo, não apresentando útero nem ovário. O problema pode ser genético, provocando falhas nos receptores das células que respondem aos hormônios sexuais.

Em certos casos, cirurgias ou tratamentos hormonais podem corrigir as malformações dos órgãos genitais.

Uma menina que nasceu com útero perfeito, mas com tecidos de testículos e sem ovários, foi submetida a uma cirurgia para retirada do tecido do testículo e passou a tomar os hormônios femininos que normalmente são produzidos pelos ovários. Ela poderá engravidar e ter um filho de forma natural? E ter sangramentos periódicos como os da menstruação? Justifique sua resposta.

Compreendendo o texto

1 Cite, na ordem de formação, as células que participam da espermatogênese. Coloque entre parênteses a carga cromossômica de cada uma.

2 Dê o nome de cada célula da ovogênese e sua respectiva carga cromossômica.

3 Para que serve a membrana de fecundação?

4 Por que praticamente todos os animais terrestres apresentam fecundação interna?

5 Como são os gametas masculino e feminino em relação aos cromossomos sexuais? Qual deles determina o sexo da criança?

6 O que é hermafroditismo?

7 O que é partenogênese?

8 Em que parte dos testículos ocorre a produção de espermatozoides?

9 Onde ocorre normalmente a fecundação? E a fixação do embrião? Qual o nome dessa fixação?

10 Descreva as transformações que ocorrem com o folículo no ovário ao longo do ciclo menstrual. Cite os hormônios que ele produz.

11 Descreva as alterações pelas quais o útero passa durante um ciclo menstrual em que não tenha ocorrido fecundação.

Atividade em grupo

Em grupo, escolham um dos temas abaixo para pesquisar (em livros, na internet, etc.). Entrevistem um médico especialista no tema e convidem-no para uma palestra.

a) Causas e tratamento da infertilidade masculina e feminina (fecundação *in vitro* e outras técnicas de reprodução assistida).
b) Puberdade masculina: mudanças no corpo e cuidados de higiene pessoal.
c) Puberdade feminina: mudanças no corpo e cuidados de higiene pessoal; o que é e qual a importância do exame Papanicolau.
d) O que são, quais os riscos para a saúde e como se prevenir das doenças sexualmente transmissíveis: gonorreia, sífilis, infecção por clamídia, herpes genital, condiloma genital, hepatite B, tricomoníase, monilíase (candidíase), pediculose pubiana e Aids.

Refletindo e concluindo

1 (Vunesp-SP) Em relação ao esquema seguinte, relacionado com o ciclo de vida de um animal de reprodução sexuada, são feitas as seguintes afirmações:

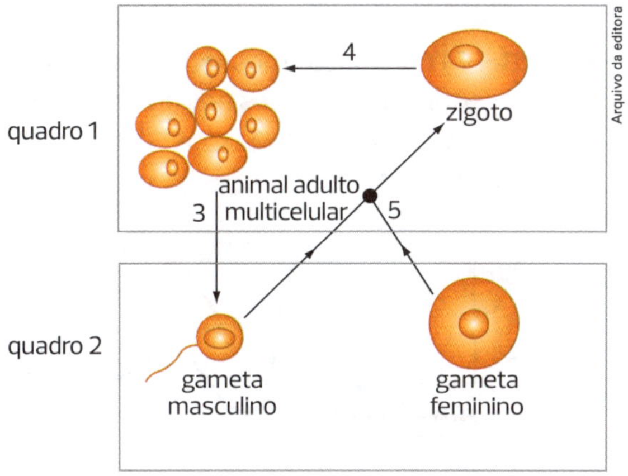

I Os quadros 1 e 2 correspondem, respectivamente, aos estágios haploide e diploide.

II O número 3 corresponde à meiose e esta favorece um aumento da variabilidade genética.

III O número 4 corresponde à mitose e esta ocorre somente em células germinativas.

IV O número 5 corresponde à fertilização, onde ocorre a combinação dos genes provenientes dos pais.

Estão corretas as afirmações:
a) I e II, apenas.
b) I e IV, apenas.
c) II e IV, apenas.
d) I, II e III, apenas.
e) II, III e IV, apenas.

2 (FCC-SP) A diferença fundamental entre reprodução assexuada e sexuada é que a reprodução assexuada:
a) exige apenas um indivíduo para se cumprir, e a sexuada exige dois.
b) não cria variabilidade genética, e a sexuada pode criar.
c) só ocorre entre vegetais, e a sexuada entre vegetais e animais.
d) dá origem a vários indivíduos de uma só vez e a sexuada a um indivíduo apenas.
e) só ocorre entre espécies em que não existem dois sexos, e a sexuada ocorre nos seres em que há diferenciação dos dois sexos.

3 (UFPI) Os testículos e os canais deferentes, presentes no aparelho reprodutor masculino dos mamíferos, podem ter suas funções comparadas, respectivamente, com as funções dos seguintes órgãos do aparelho reprodutor feminino:
a) útero e ovários.
b) ovários e trompas de Falópio.
c) trompas de Falópio e útero.
d) vagina e trompas de Falópio.
e) ovários e vagina.

4 (UEG-GO) A reprodução, processo necessário a todos os seres vivos por levar à preservação da espécie, acontece desde a forma mais simples até a mais complexa. Quanto a esse processo, marque a alternativa incorreta.
a) A reprodução assexuada aumenta a variabilidade genética numa população de determinada espécie, porque os descendentes assim originados diferem geneticamente de seus pais.
b) Nos organismos sexuados ocorrem dois tipos de divisão celular: mitose e meiose.
c) A mitose é o mecanismo mais comum de reprodução dos organismos unicelulares eucariontes.
d) Uma vantagem evolutiva da reprodução sexuada está no fato de ela poder conferir proteção contra parasitas; alguns descendentes, por exemplo, podem apresentar combinações genéticas que os tornam mais adaptados aos parasitas do que seus pais.
e) Durante a meiose e a fecundação podem ocorrer eventos que criam variabilidade genética nos seres que se reproduzem sexuadamente.

As questões 5 e 6 estão relacionadas com o esquema a seguir, que representa diferentes fases da gametogênese.

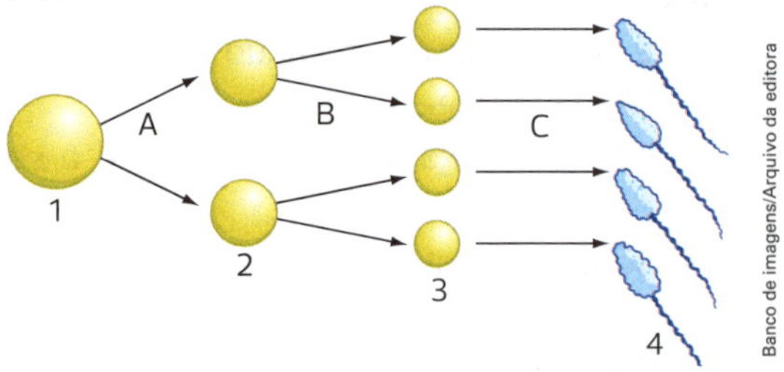

5 (Fesp-PE) Identifique as células envolvidas conforme a ordem em que estão no esquema (1, 2, 3, 4).

a) espermatogônia, espermatócitos, espermátides e espermatozoides
b) espermatogônia, espermatócitos I, espermatócitos II e espermatozoides
c) espermatócito I, espermatócitos II, polócitos e espermatozoides
d) ovogônia, ovócitos, óvulos, ovótides
e) espermatócito I, espermatócitos II, espermátides e espermatozoides

6 (Fesp-PE) Identifique os fenômenos indicados no esquema conforme a ordem apresentada (**A**, **B**, **C**).

a) mitose, meiose e espermatogênese
b) meiose I, meiose II e espermiogênese
c) meiose, mitose e espermatogênese
d) divisão reducional, divisão equacional e mitose
e) divisão reducional, divisão equacional e espermatogênese

7 (UFV-MG) Observe o ciclo reprodutivo da abelha doméstica e assinale a alternativa correta.`

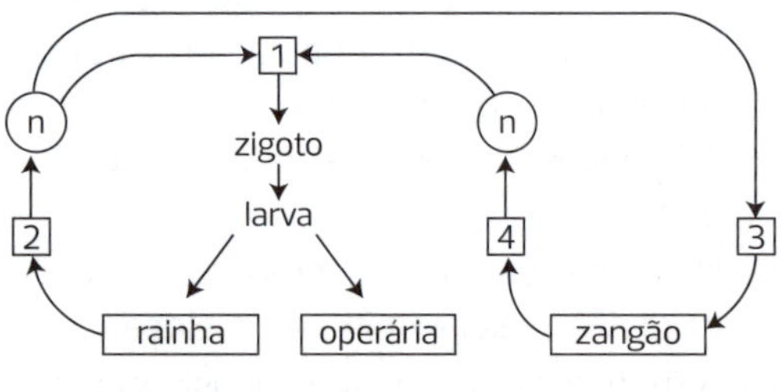

Os números 1, 2, 3 e 4 correspondem, respectivamente, a:

a) fecundação, meiose, mitose e partenogênese.
b) meiose, fecundação, mitose e partenogênese.
c) fecundação, meiose, partenogênese e mitose.
d) partenogênese, meiose, mitose e fecundação.
e) meiose, partenogênese, fecundação e mitose.

8 (PUC-SP) O trecho a seguir foi extraído do artigo "Desencontros sexuais", de Drauzio Varella, publicado na *Folha de S.Paulo*, em 25 de agosto de 2005.

"Nas mulheres, em obediência a uma ordem que parte de uma área cerebral chamada hipotálamo, a hipófise libera o hormônio FSH (hormônio foliculoestimulante), que agirá sobre os folículos ovarianos, estimulando-os a produzir estrogênios, encarregados de amadurecer um óvulo a cada mês.
FSH e estrogênios dominam os primeiros 15 dias do ciclo menstrual com a finalidade de tornar a mulher fértil, isto é, de preparar para a fecundação uma das 350 mil células germinativas com as quais nasceu."

O trecho faz referência a um grupo de células que a mulher apresenta ao nascer. Essas células são:

a) ovogônias em início de meiose, presentes no interior dos folículos ovarianos, e apresentam 23 cromossomos.
b) ovócitos em início de meiose, presentes no interior dos folículos ovarianos, e apresentam 46 cromossomos.
c) ovócitos em fase final de meiose, presentes no interior de folículos ovarianos, e apresentam 23 cromossomos.
d) óvulos originados por meiose, presentes na tuba uterina, e apresentam 23 cromossomos.
e) ovogônias em início de meiose, presentes na tuba uterina, e apresentam 46 cromossomos.

9 (UnB-DF) Os gráficos mostrados na figura abaixo representam as variações nos níveis dos hormônios hipofisários e ovarianos durante o ciclo menstrual da mulher.

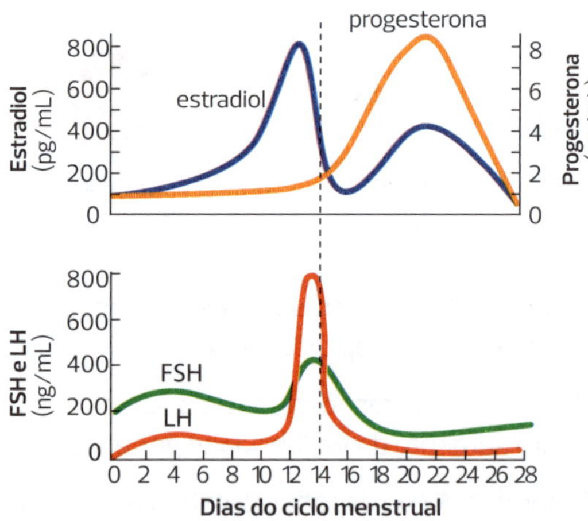

Com o auxílio dos gráficos, julgue os seguintes itens:

(1) O primeiro dia do ciclo menstrual corresponde ao primeiro dia da menstruação.
(2) O aumento da taxa de FSH induz o desenvolvimento dos folículos ovarianos.
(3) No momento da ovulação, as taxas de estrógenos e de LH estão elevadas.
(4) Os gráficos ilustram a situação que ocorre em mulheres que estão sob efeito de pílulas anticoncepcionais.

10 (UFMG) Uma mulher tem ciclo menstrual regular de 28 dias. Em 23 de novembro, após cinco dias de hemorragia, ela teve sua menstruação suspensa. O dia mais favorável para que uma relação sexual dessa mulher resulte em gravidez é:

a) 19 de novembro.
b) 23 de novembro.
c) 2 de dezembro.
d) 6 de dezembro.
e) 23 de dezembro.

11 (Vunesp-SP) Nos testes de gravidez, a substância cuja presença é pesquisada na urina é:

a) o hormônio foliculoestimulante.
b) o hormônio luteinizante.
c) a gonadotrofina coriônica.
d) o estrógeno.
e) a progesterona.

Questões para análise

1 (Fuvest-SP) Um organismo apresenta reprodução sexuada durante uma fase da vida e reprodução assexuada em outra fase. Em qual dessas fases os descendentes devem apresentar maior semelhança com seus genitores? Por quê?

2 (Fuvest-SP) Através de técnicas modernas de melhoramento vegetal, conseguiu-se uma linhagem de cana-de-açúcar altamente produtiva. Sabendo que a cana pode se reproduzir tanto sexuada como assexuadamente, explique de que forma essa linhagem deve ser propagada para que suas boas características sejam mantidas em plantios sucessivos.

3 (UFPB) Podemos imaginar a fecundação na espécie humana como um verdadeiro *rallye* em decorrência de vários obstáculos presentes na trajetória dos espermatozoides até o óvulo. À semelhança de um *grid* de largada, os gametas masculinos depositados na vagina começam a "subir" pelo útero e ovidutos, em função de sua extraordinária **motilidade** (I). Transpõem várias barreiras, como pH ácido, densas secreções mucosas, dobras e invaginações, até alcançar o oviduto, onde literalmente deverão continuar "nadando contra a maré". Ao encontrar o óvulo, têm ainda que sobrepor mais uma barreira, uma vez que esse é envolvido por uma **camada de células** (II). Por fim liberam uma enzima chamada hialuronidase, efetivando assim a fecundação.

a) Cite o local onde, normalmente, ocorre a fecundação.
b) Qual é a organela celular responsável pela função indicada no texto por I?
c) Qual o nome da camada de células indicada no texto por II?

4 (Unicamp-SP) O gráfico abaixo mostra os níveis dos hormônios sexuais no sangue durante o ciclo menstrual:

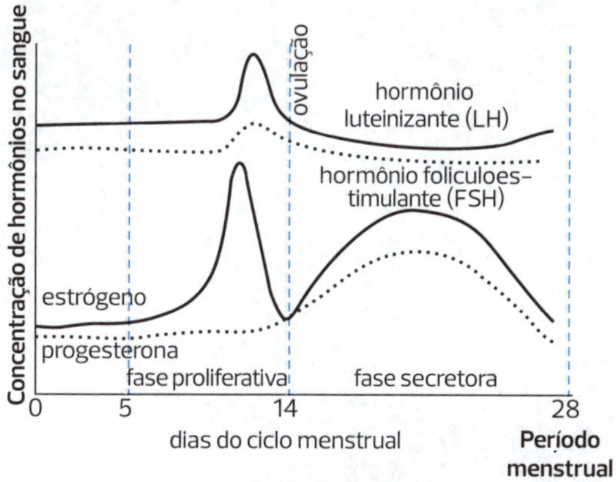

a) Observando as curvas dos hormônios, diga se ocorreu ou não fecundação. Justifique.
b) Onde é produzido cada um dos hormônios gonadotróficos e esteroides envolvidos no processo?

Exame Nacional do Ensino Médio – Enem

Em certas localidades ao longo do rio Amazonas, são encontradas populações de determinada espécie de lagarto que se reproduzem por partenogênese. Essas populações são constituídas, exclusivamente, por fêmeas que procriam sem machos, gerando apenas fêmeas. Isso se deve a mutações que ocorrem ao acaso nas populações bissexuais. Avalie as afirmações seguintes, relativas a esse processo de reprodução:

I Na partenogênese, as fêmeas dão origem apenas a fêmeas, enquanto, nas populações bissexuadas, cerca de 50% dos filhotes são fêmeas.

II Se uma população bissexuada se mistura com uma que se reproduz por partenogênese, esta última desaparece.

III Na partenogênese, um número **x** de fêmeas é capaz de produzir o dobro do número de descendentes de uma população bissexuada de **x** indivíduos, uma vez que, nesta, só a fêmea põe ovos.

É correto o que se afirma:

a) apenas em I.
b) apenas em II.
c) apenas em I e III.
d) apenas em II e III.
e) em I, II e III.

Genética

A Genética é a parte da Biologia que estuda as leis da hereditariedade, ou seja, como as informações dos genes são transmitidas de pais para filhos através das gerações.

O conhecimento de Genética nos permite selecionar cruzamentos de animais ou de plantas de forma a obter variedades mais produtivas ou mais resistentes a pragas, por exemplo. Permite também indicar a probabilidade de um casal ter um filho com certos problemas hereditários.

Neste capítulo começaremos a conhecer as leis da hereditariedade estudando o trabalho do monge agostiniano Gregor Mendel (1822-1884).

capítulo

2 Primeira lei de Mendel

Hoje sabemos que o veículo da hereditariedade são os genes, trechos da molécula de DNA presente nos cromossomos. Mesmo antes dessa descoberta, as leis básicas da hereditariedade começaram a ser desvendadas por Mendel (figura 2.1) em um mosteiro da cidade de Brünn, na Áustria (hoje Brno, na República Tcheca).

Uma das razões do sucesso de Mendel foi ter escolhido para suas pesquisas a ervilha-de-cheiro (*Pisum sativum*), que apresenta uma série de vantagens: fácil cultivo; produz muitas sementes, o que permite uma análise estatística das características dos descendentes; reproduz-se por autofecundação (a parte masculina da flor produz gametas que fecundam a parte feminina; pode-se também conseguir fecundação cruzada abrindo a flor, recolhendo grãos de pólen com um pincel e aplicando-os nos estigmas de outra flor).

Bettmann/Corbis

2.1 **Gregor Mendel. Por suas experiências, recebeu o título de "pai da Genética".**

Além dessas vantagens, ela apresenta uma série de características facilmente observáveis e distintas entre si. Por exemplo, a cor da semente é amarela ou verde, sem tonalidades intermediárias; a forma da semente é lisa ou rugosa; veja o quadro abaixo.

O trabalho de Mendel foi publicado em 1866, mas não recebeu a atenção que merecia. Apenas em 1900, depois de sua morte, os pesquisadores Carl Correns, Hugo de Vries e Erich von Tschermak, trabalhando independentemente e sem saber das experiências de Mendel, descobriram as mesmas leis da hereditariedade. Quando consultaram a literatura especializada, verificaram que Mendel já tinha antecipado suas conclusões 34 anos antes.

Ingeborg Asbach/Arquivo da editora

Forma da semente	 lisa	 rugosa
Cor da semente	 amarela	 verde
Forma da vagem	 lisa	 ondulada
Cor da vagem	 verde	 amarela
Cor da flor	 púrpura	 branca
Posição da flor	 axial (ao longo do caule)	 terminal (na ponta do caule)
Tamanho da planta	 alta	 baixa

❶ A experiência de Mendel

Mendel supôs que, se uma planta tinha semente amarela, ela devia possuir algum "elemento" ou "fator" responsável por essa cor. O mesmo ocorreria com a planta de semente verde, que teria um "fator" para essa cor.

Em um dos experimentos, ele procurou cruzar plantas de sementes amarelas com plantas de sementes verdes, mas antes procurou selecionar sementes amarelas que só originassem sementes amarelas e sementes verdes que só produzissem sementes verdes. Para isso, escolhia um indivíduo e observava os resultados da autofecundação ao longo de seis gerações (cerca de dois anos). Em cada geração analisava grande número de descendentes e, se nenhum deles produzisse sementes de cor diferente da cor do indivíduo inicial, concluía que se tratava de uma planta pura.

Com ervilhas puras Mendel fez um cruzamento entre a parte masculina de uma planta de semente amarela e a feminina de uma de semente verde. Essa primeira geração foi chamada de **parental** ou **P**. Na geração seguinte (**primeira geração** ou **F_1**) todas as ervilhas apresentavam sementes amarelas. Mendel chamou esses indivíduos de **híbridos**, uma vez que descendiam de pais com características diferentes (sementes amarela e verde; figura 2.2).

O que teria acontecido com o fator para verde? Teria se misturado ao fator para amarelo? Teria desaparecido? A resposta surgiu quando Mendel realizou a autofecundação de um dos indivíduos híbridos de semente amarela. Analisando as plantas resultantes (**segunda geração** ou **F_2**), encontrou cerca de 75% (3/4) de sementes amarelas e 25% (1/4) de sementes verdes – ou seja, na geração **F_2** havia a proporção média de 3 sementes amarelas para 1 verde (figura 2.2).

O aparecimento de sementes verdes permitiu a Mendel concluir que o fator para verde não tinha sido destruído: apenas não se manifestava na presença do fator para amarelo. Com base nisso, resolveu chamar a característica "ervilha amarela" de **dominante** e a característica "ervilha verde" de **recessiva**.

Conclusões de Mendel

Todos os casos estudados por Mendel confirmavam o que tinha observado para a cor da ervilha: a geração **F_1** (resultante do cruzamento entre dois indivíduos puros, um dominante e o outro recessivo) tinha a característica dominante; **F_2** apresentava uma proporção média de 3 dominantes para 1 recessivo. Em 7 324 ervilhas havia, por exemplo, 5 474 lisas e 1 850 rugosas.

Os resultados de Mendel podem ser explicados com as seguintes hipóteses:

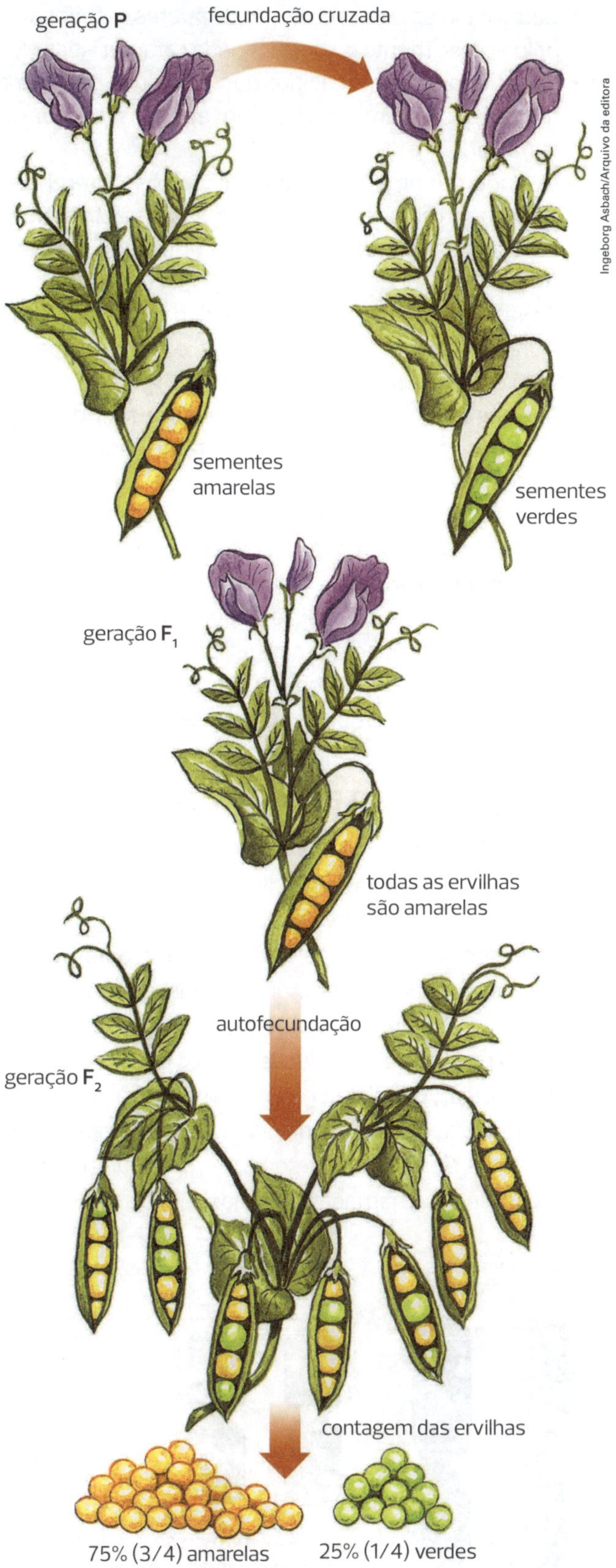

2.2 No cruzamento de ervilhas amarelas e verdes puras (geração P), Mendel obteve plantas com todas as ervilhas amarelas (geração F_1). A autofecundação dessas plantas produziu 75% de ervilhas amarelas e 25% de ervilhas verdes (geração F_2).

- Cada organismo possui um par de fatores responsável pelo aparecimento de determinada característica.
- Esses fatores são recebidos dos indivíduos paterno e materno: cada um contribui com apenas um fator de cada par.
- Quando um organismo tem dois fatores diferentes, pode ocorrer que apenas uma das características se manifeste (a dominante) e a outra não apareça (recessiva).
- Os fatores de um par contrastante não se misturam. Durante a formação dos gametas, os fatores aparecem em dose simples, ou seja, cada gameta possui apenas um fator (na experiência de Mendel, por exemplo, o gameta possui ou o fator para amarelo ou o fator para verde).

Esta última conclusão ficou conhecida como **primeira lei de Mendel**, **lei da segregação de um par de fatores** ou **lei do monoibridismo**, uma vez que ela se aplica ao estudo de híbridos em relação a apenas uma característica. É costume enunciá-la assim: "Cada caráter é condicionado por um par de fatores que se separam na formação dos gametas, nos quais ocorrem em dose simples".

Interpretação atual da primeira lei de Mendel

Como as células da maioria dos organismos, as células do corpo da ervilha são diploides (2n; há dois cromossomos de cada tipo; figura 2.3). Os cromossomos de um mesmo par são homólogos (possuem o mesmo tamanho e a mesma forma). Neles os genes situados na mesma posição relativa (**lócus** ou **loco gênico**; do latim, *locus* = lugar; plural, *loci*) controlam o mesmo tipo de característica (cor da flor da ervilha, por exemplo). Mas pode haver formas ou versões diferentes de um gene em cada lócus, chamadas de **alelos**.

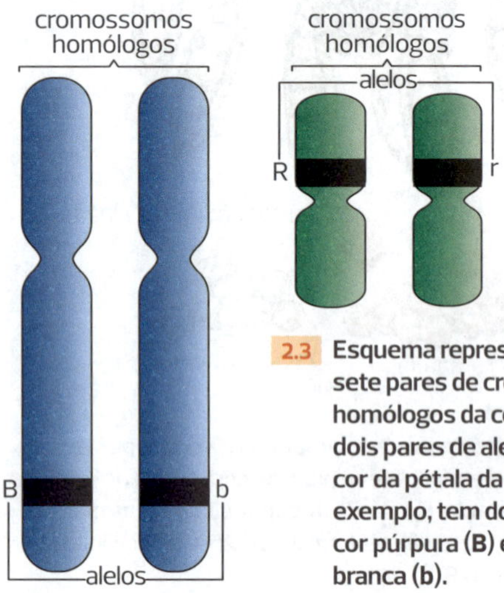

2.3 **Esquema representando dois dos sete pares de cromossomos homólogos da célula da ervilha e dois pares de alelos. O gene para cor da pétala da flor da ervilha, por exemplo, tem dois alelos, um para cor púrpura (B) e outro para cor branca (b).**

Embora controlem o mesmo tipo de característica, os alelos podem ter efeitos diferentes. Por exemplo, na ervilha existem sete pares de cromossomos homólogos. Em um desses pares, está o gene que determina a cor da flor. Um dos cromossomos pode ter o alelo que determina cor púrpura e o seu homólogo pode ter o alelo que determina cor branca. Por convenção, usamos a letra inicial do caráter recessivo (branco, nesse caso) para denominar os alelos: o alelo dominante é indicado pela letra maiúscula e o recessivo pela minúscula. Assim, o alelo para flor púrpura é chamado de **B** e o alelo para flor branca de **b**.

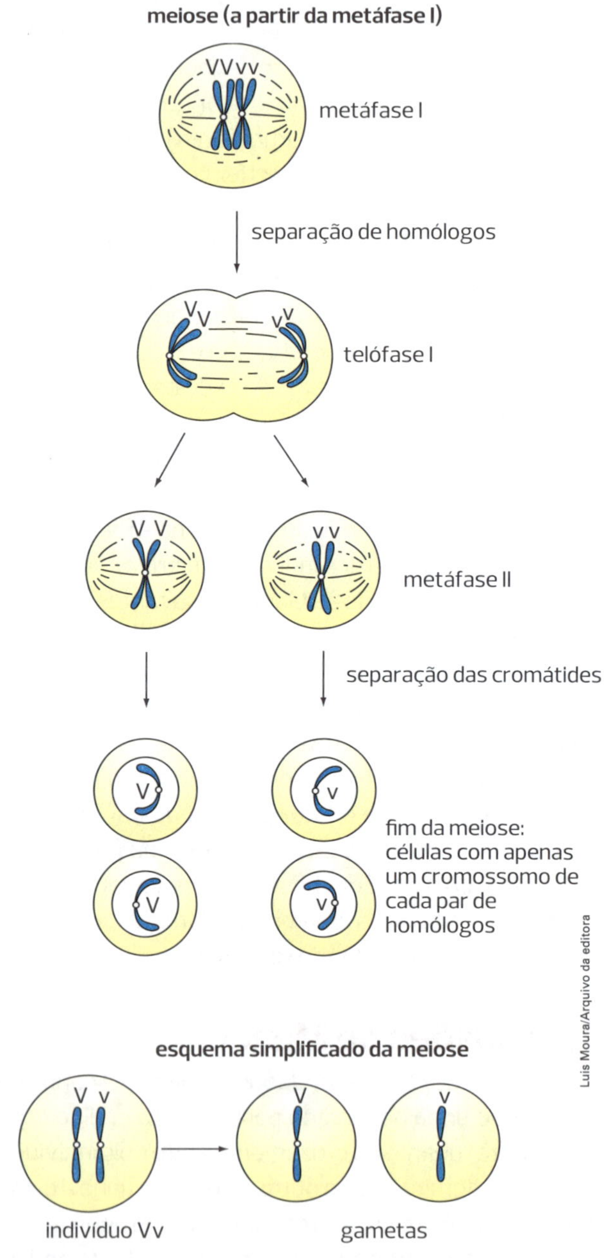

Luis Moura/Arquivo da editora

2.4 **Observe que na meiose os cromossomos homólogos se separam; consequentemente, cada alelo vai para um gameta diferente. Por isso os gametas serão V ou v.**

Em outro par de cromossomos homólogos estão, por exemplo, os alelos responsáveis pela forma da semente. Como o caráter liso é dominante, o alelo para rugoso é **r** e o alelo para liso é **R**. De modo semelhante, o gene para cor da semente possui dois alelos: **V** para cor amarela da semente e **v** para cor verde.

Genótipo e fenótipo

O conjunto de genes que um indivíduo possui em suas células é chamado de **genótipo**. O conjunto de características morfológicas ou funcionais do indivíduo é o seu **fenótipo**.

Para a cor, se a ervilha apresentar dois alelos **V** no par de homólogos, seu genótipo será **VV** e o fenótipo será ervilha amarela. Se apresentar dois alelos **v**, terá genótipo **vv** e fenótipo ervilha verde. Caso apresente o alelo **V** em um cromossomo e **v** no outro, terá genótipo **Vv** e fenótipo ervilha amarela, uma vez que o alelo para cor amarela é dominante.

As ervilhas **VV** e **vv** são puras ou **homozigotas**. A ervilha **Vv** é híbrida ou **heterozigota**. É fácil concluir que um indivíduo com fenótipo dominante para determinada característica pode ser puro ou híbrido, mas, se tiver fenótipo recessivo, será obrigatoriamente puro (o alelo recessivo só se manifesta em dose dupla).

Genes, meiose e fecundação

Durante a reprodução, células diploides sofrem meiose e originam células haploides (n; com apenas um cromossomo de cada tipo). Indivíduos de genótipo **Vv** formam células com alelo **V** e células com alelo **v** (figura 2.4). Os gametas são haploides e, pela fecundação, restaura-se o número diploide de cromossomos no zigoto.

Em cada par de cromossomos homólogos desse zigoto, um dos cromossomos vem sempre do pai e outro da mãe; o mesmo ocorre com os pares de alelos. Por divisões celulares mitóticas, que produzem células idênticas, forma-se um novo indivíduo, cujas células apresentam a mesma coleção de cromossomos que estava no zigoto (figura 2.5).

Esses conhecimentos podem ser aplicados à experiência de Mendel. Se as sementes de uma planta são amarelas, nas células dessa planta existe um alelo **V** determinando essa cor. Se ela é pura ou homozigota, os alelos para essa característica são iguais. Portanto, o genótipo dos indivíduos da geração **P**, de fenótipo amarelo, é **VV**. O mesmo raciocínio leva à conclusão de que as ervilhas verdes apresentam genótipo **vv**.

Por meiose o indivíduo **VV** produz células **V**, e o indivíduo **vv** produz células **v**. A união de gametas **V** com gametas **v** origina indivíduos híbridos **Vv** (**F**$_1$). Eles são amarelos porque **V** domina **v**. A autofecundação dos indivíduos **Vv** equivale ao cruzamento de dois indivíduos iguais (**Vv** e **Vv**). Cada um produz gametas **V** e **v**. Logo, são quatro combinações possíveis para os filhos em **F**$_2$: 1 **VV**, 2 **Vv** e 1 **vv**. Desses quatro, três serão amarelos e um será verde, o que justifica o resultado de Mendel: 75% amarelos e 25% verdes.

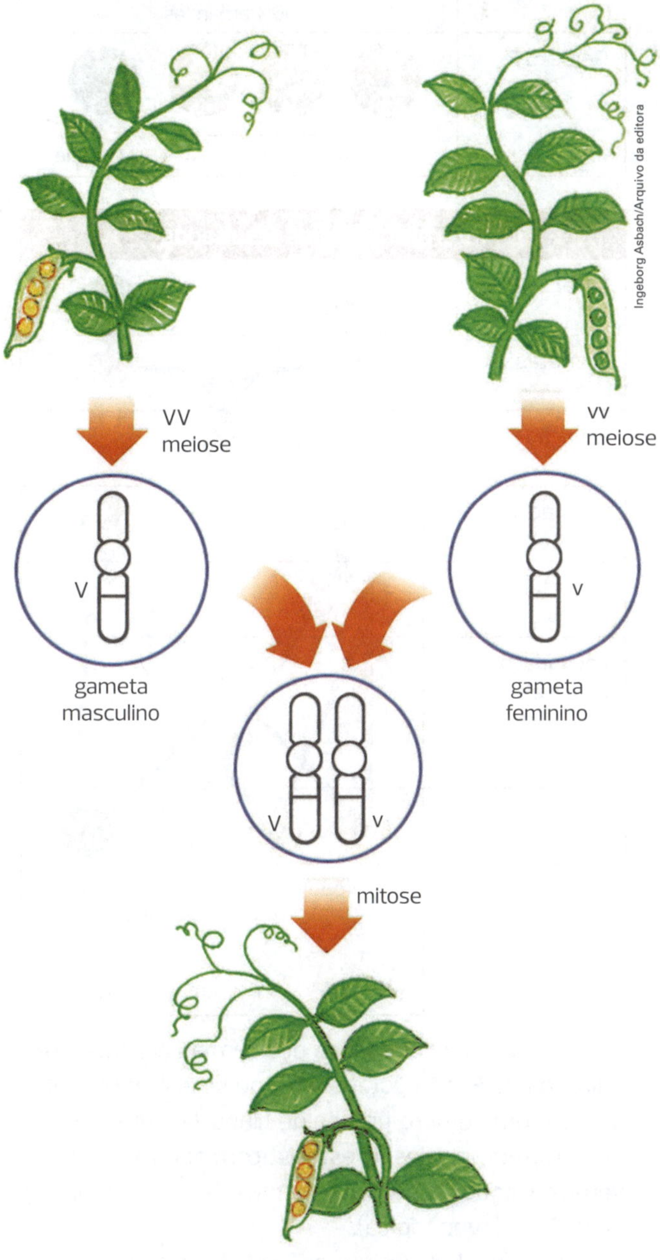

2.5 **Com a fecundação, forma-se novamente um indivíduo com o número diploide de cromossomos. Observe que cada cromossomo de um par de homólogos veio de um indivíduo diferente.**

A proporção de genótipos (PG) é 1/4 **VV**: 2/4 **Vv**: 1/4 **vv**. A de fenótipos (PF) é 3/4 amarelos: 1/4 verde. Veja nos quadros a seguir essas conclusões.

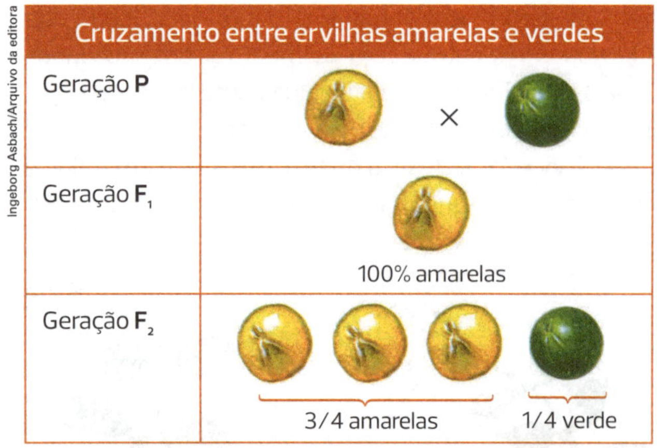

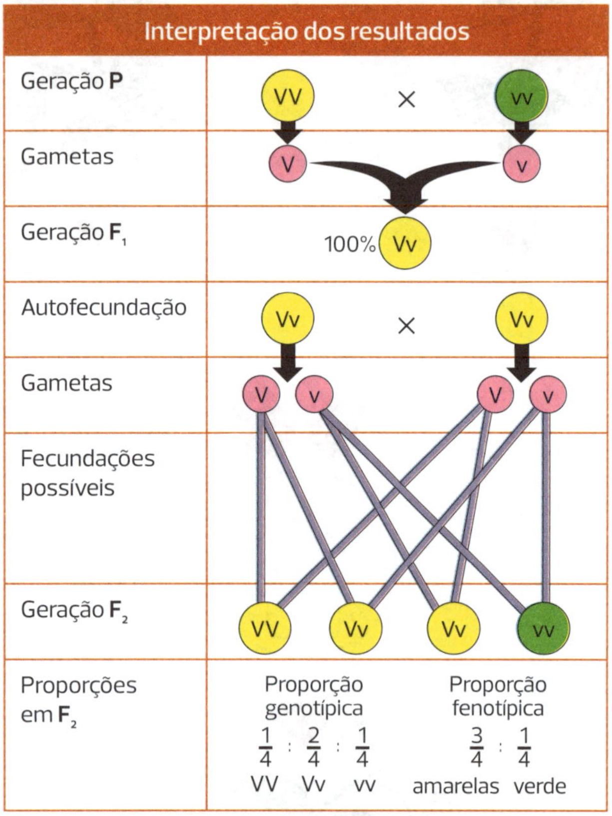

Como as fecundações ocorrem ao acaso, os resultados de F_2 são estatísticos, ou seja, é necessário analisar um número grande de filhos. Quanto maior o número, menor o **desvio estatístico**: mais próximos devemos ficar da proporção esperada de 3 : 1 (fenotípica) ou de 1 : 2 : 1 (genotípica).

Quando dizemos que as fecundações ocorrem ao acaso, estamos dizendo que o fato de um gameta ter determinado gene não faz com que ele tenha chance maior de fecundar ou ser fecundado. No caso das ervilhas, tanto o gameta com o alelo para a cor amarela como o gameta com o alelo para a cor verde têm a mesma chance de formar um zigoto.

Em acontecimentos ao acaso, usamos probabilidades: quando falamos que, se jogarmos uma moeda muitas vezes para o alto, o resultado será, aproximadamente, 50% de caras e 50% de coroas, estamos dizendo que a probabilidade de sair cara e a de sair coroa são de 50%. Ou seja, quanto maior o número de lançamentos, mais os resultados obtidos se aproximarão desses valores.

2 Cruzamento-teste

Para descobrir se um indivíduo portador de um caráter dominante qualquer é puro ou híbrido, basta cruzá-lo com um indivíduo recessivo para a característica em questão. Se obtivermos dois tipos de descendentes, ele é híbrido; se obtivermos um grande número de descendentes, todos com a característica dominante, há uma boa probabilidade de que ele seja homozigoto. Esse tipo de cruzamento é chamado de **cruzamento-teste** (figura 2.6). Já o cruzamento de indivíduos de F_1 com indivíduos da geração **P** ou com indivíduos de genótipos idênticos ao de um dos genitores é chamado de **retrocruzamento**.

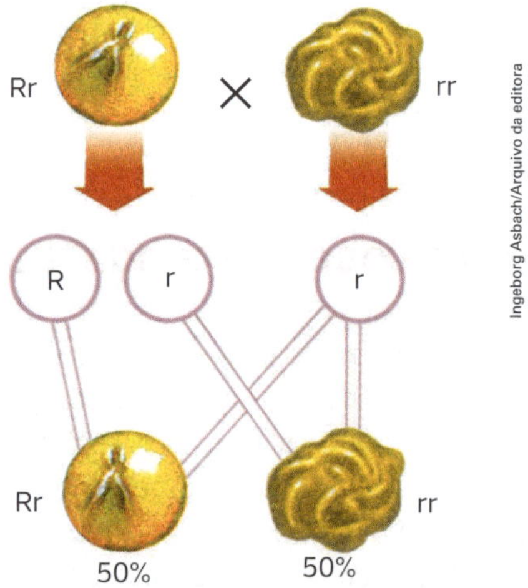

2.6 **O cruzamento-teste permite descobrir se um indivíduo com característica dominante é homozigoto ou heterozigoto.**

3 Dominância incompleta e codominância

No caso da planta maravilha (*Mirabilis jalapa*), o resultado do cruzamento de plantas com flores vermelhas e plantas com flores brancas é uma planta com flor rosa (figura 2.7). Dizemos que há **dominância incompleta** entre os alelos, que são representados por letras com índices, em vez de letras maiúsculas e minúsculas: a flor vermelha é $\mathbf{C^VC^V}$ (**C** de cor e **V** de vermelho); a branca, $\mathbf{C^BC^B}$; a rosa, $\mathbf{C^VC^B}$ (às vezes, essa notação é simplificada para **VV**, **BB** e **VB**). O cruzamento entre dois híbridos produz proporção genotípica igual à fenotípica (1 : 2 : 1; figura 2.7).

Ingeborg Asbach/Arquivo da editora

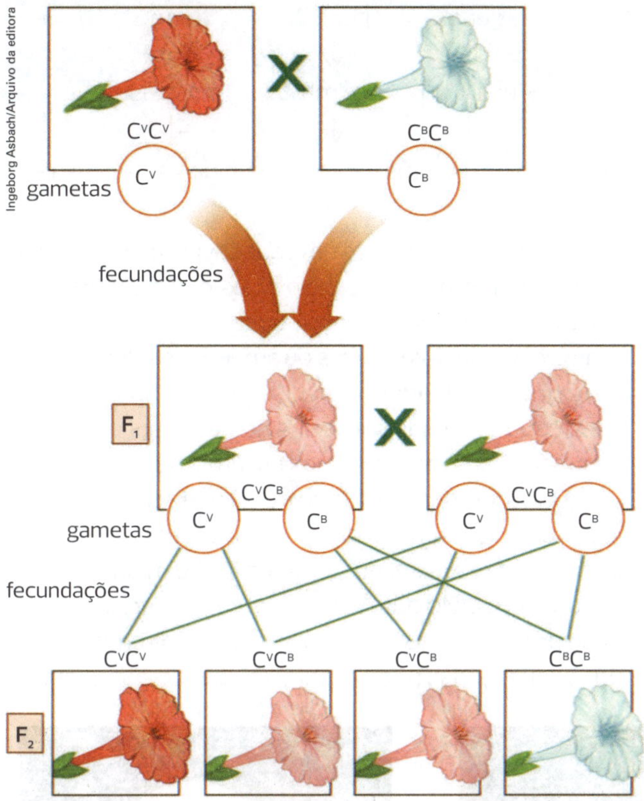

proporção genotípica: $\frac{1}{4}\ C^VC^V : \frac{2}{4}\ C^VC^B : \frac{1}{4}\ C^BC^B$

proporção fenotípica: $\frac{1}{4}$ vermelha : $\frac{2}{4}$ rosa : $\frac{1}{4}$ branca

George D. LePp/Corbis

2.7 Cruzamento entre indivíduos cujas características apresentam dominância incompleta. Na foto, planta maravilha de flor rosa.

Na dominância incompleta o heterozigoto apresenta fenótipo intermediário em relação ao dos homozigotos. Isso ocorre porque o alelo para cor vermelha leva a planta a produzir apenas metade do pigmento vermelho que ela produziria se esse alelo estivesse em dose dupla. Como o alelo para cor branca não produz pigmento, a planta será rosa. No caso da ervilha de Mendel, a presença de apenas um alelo para amarelo, por exemplo, é suficiente para produzir uma quantidade de proteínas (os produtos de muitos genes são proteínas ou peptídios) responsável por um fenótipo igual ao do homozigoto de cor amarela. Trata-se, nesse caso, de uma **dominância completa**.

Na **codominância**, cada alelo controla a produção de proteínas diferentes. Com isso, o fenótipo do heterozigoto possui características presentes em ambos os homozigotos. Por exemplo, no grupo sanguíneo ABO (que será estudado no capítulo 4), o alelo $\mathbf{I^A}$ leva à produção do antígeno **A**, presente na membrana da hemácia, e o alelo $\mathbf{I^B}$ leva à produção do antígeno **B**. O indivíduo $\mathbf{I^AI^B}$ tem, então, ambos os antígenos na hemácia.

4 Genes letais

A pelagem amarela de camundongos é determinada por um alelo dominante e a pelagem preta por um alelo recessivo. Mas o cruzamento de dois camundongos amarelos heterozigotos resulta em uma descendência de 2 amarelos para 1 preto, e não a proporção esperada de 3 para 1 (figura 2.8).

Qual a explicação para esse resultado? Os embriões amarelos homozigotos formam-se, mas não se desenvolvem, pois o alelo responsável por pelo amarelo em dose dupla é **letal**, ou seja, provoca a morte do embrião. Como o alelo para amarelo (**P**) só mata o embrião em dose dupla, dizemos que ele é recessivo para letalidade, apesar de ser dominante para a cor do pelo. Assim, os indivíduos **Pp** são amarelos e sobrevivem; indivíduos **pp** são pretos e indivíduos **PP** morrem (figura 2.8).

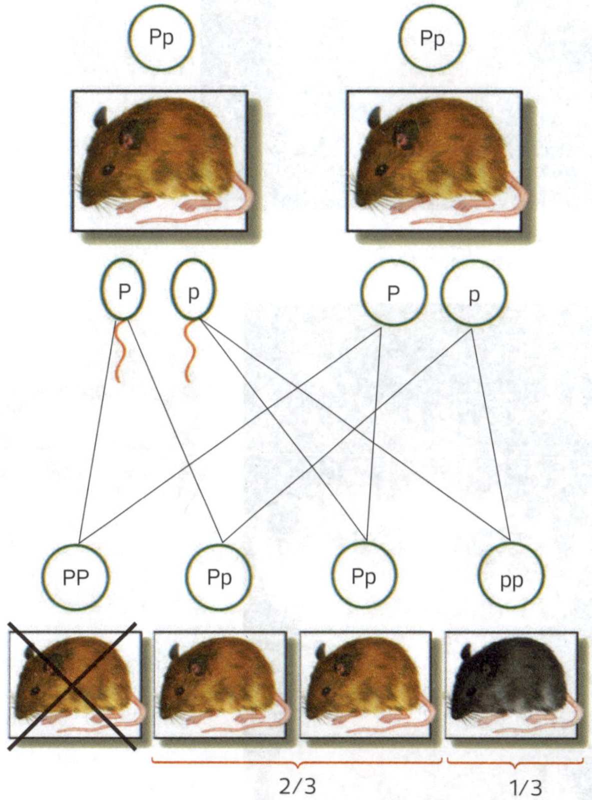

Luis Moura/Arquivo da editora

2.8 O gene para pelo amarelo é letal em dose dupla.

5 Genética: a base molecular

Sabemos que a produção de determinada substância depende, em geral, de uma cadeia de reações químicas, em que cada etapa é catalisada por uma enzima diferente e cada enzima pode ser codificada por um tipo de gene.

Na dominância completa, a quantidade de enzimas produzidas pelo heterozigoto é suficiente para obter o mesmo produto final que o obtido em homozigotos dominantes. Na dominância incompleta, a quantidade de enzimas funcionais produzidas é menor, em geral porque o alelo recessivo produz uma enzima alterada que não é funcional. Na codominância, ambos os alelos são ativos e o indivíduo heterozigoto apresenta ambos os fenótipos dos homozigotos.

A melanina, por exemplo, um pigmento escuro da pele, é sintetizada a partir do aminoácido tirosina por uma série de etapas, resumidas no esquema simplificado a seguir:

gene 1 → enzima 1; gene 2 → enzima 2; gene 3 → tirosinase

fenilalanina → tirosina → dopamina → melanina

No albinismo, ocorre uma ausência parcial ou total de melanina na pele, no cabelo e nos olhos. Em geral, a pele é clara e rosada, os olhos podem ser azuis ou rosa-claros e os cabelos brancos ou amarelados (figura 2.9). Entre outros cuidados, é preciso proteger a pele e os olhos contra os raios solares (evitando o sol e usando bloqueadores solares e óculos escuros, por exemplo).

Há vários tipos de albinismo. O mais comum – albinismo óculo-cutâneo do tipo 1 – deve-se à ausência da enzima tirosinase, que leva à falta de melanina, e é devido a um alelo autossômico recessivo (genes que estão presentes nos autossomos e não nos cromossomos sexuais). Isso pode acontecer quando a sequência

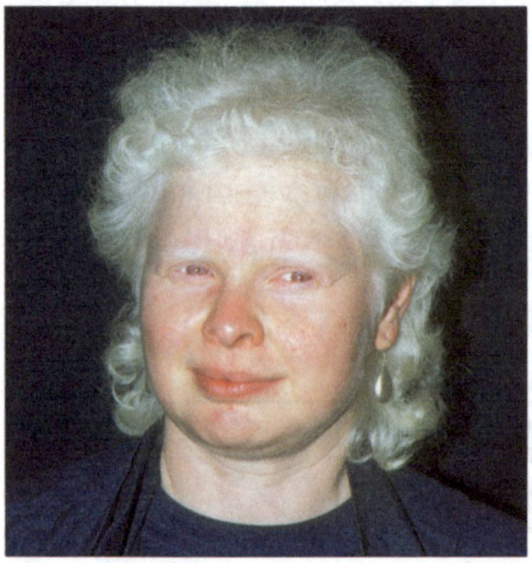

Dr. P. Marazzi/Science Photo Library

Albinismo (falta de melanina; característica recessiva).

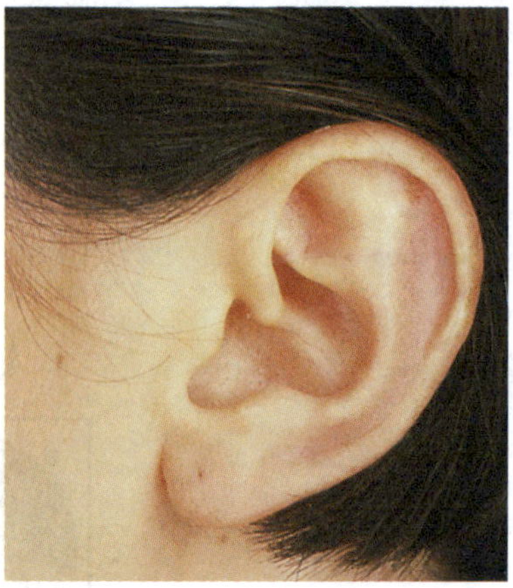

Oscar Burriel/Science Photo Library/Stock Photos

Lobo de orelha solto ou livre (dominante).

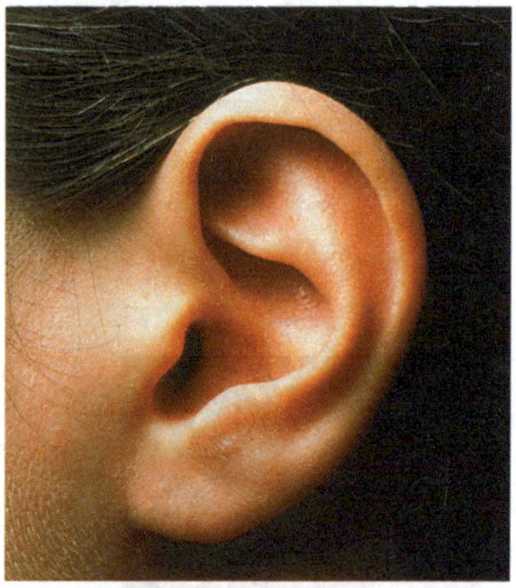

Science Photo Library/Stock Photos

Lobo de orelha preso ou aderido (recessivo).

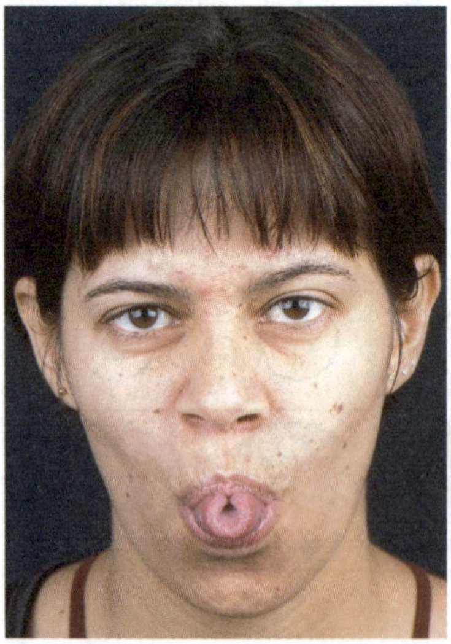

A. Parramón/Ap. Photo

Capacidade de enrolar a língua em U (dominante).

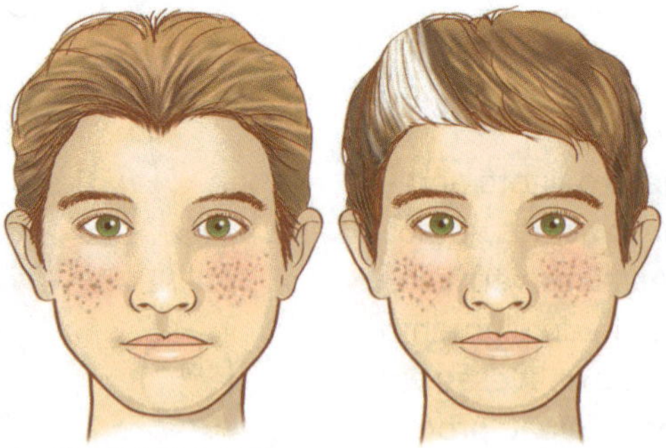

Ilustrações: Christiane S. Messias/Arquivo da editora

Presença de sardas, bico-de-viúva (projeção do couro cabeludo no meio da testa) e mecha branca no cabelo são dominantes.

Nair Benedicto/N. imagens

Covinha no queixo (dominante).

2.9 Alguns exemplos de heranças autossômicas na espécie humana.

Luis Moura/Arquivo da editora

Eye of Science/Science Photo Library

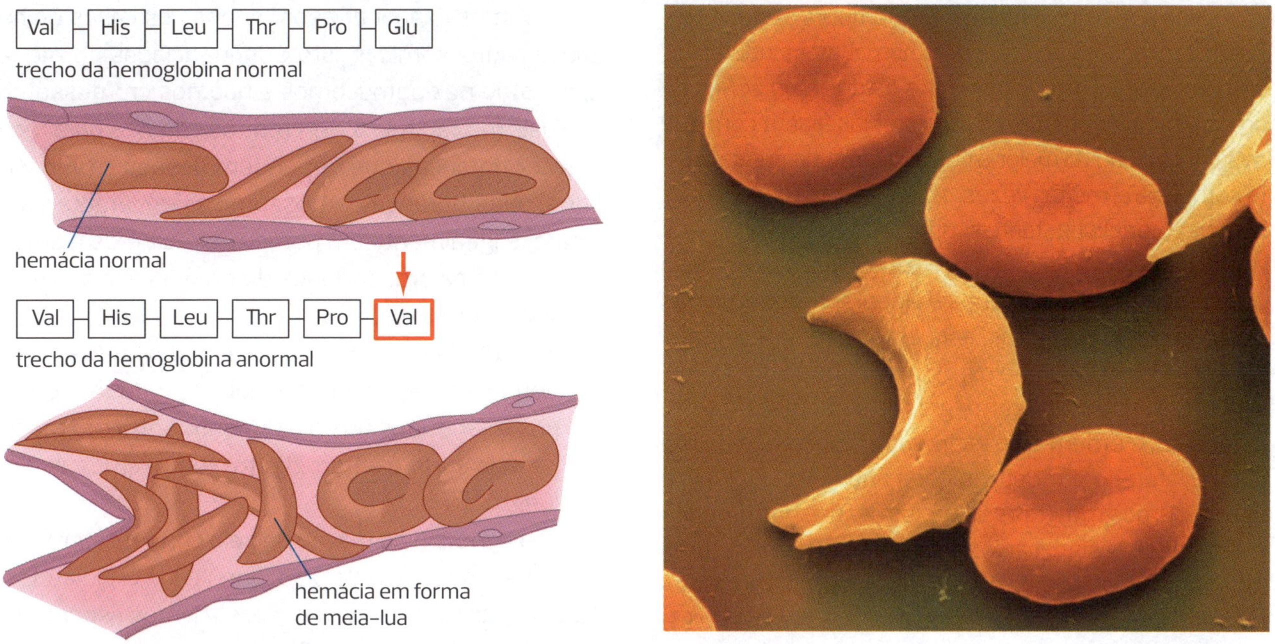

2.10 Anemia falciforme: a troca de um aminoácido por outro faz surgir hemácias que podem obstruir pequenos vasos sanguíneos e prejudicar a circulação nos tecidos. No centro da foto, uma hemácia em forma de foice entre hemácias normais (imagem ao microscópio eletrônico com aumento de cerca de 7 mil vezes).

de nucleotídeos do gene é alterada, o que leva à produção de uma enzima inativa (com uma sequência alterada de aminoácidos). O albinismo é recessivo porque a presença apenas de um alelo sem alteração produz uma quantidade suficiente de enzima necessária para a produção da melanina. Cada gene é formado por milhares de nucleotídeos e a diferença entre dois alelos costuma estar em poucos nucleotídeos.

A anemia falciforme resulta da troca do aminoácido ácido glutâmico pela valina em um setor da molécula de hemoglobina. Essa troca é causada por uma mudança de uma base nitrogenada em um trecho do DNA (GAG por GTG). Nas partes do organismo em que a concentração de oxigênio esteja mais baixa, a nova molécula de hemoglobina se cristaliza e provoca deformações na hemácia, que passa a ter a forma de meia-lua ou foice (daí o nome da doença; figura 2.10). Isso provoca a destruição prematura da hemácia e anemia. Além disso, as hemácias anormais prejudicam a circulação do sangue nos vasos de menor calibre e podem obstruir os capilares, comprometendo vários órgãos. Por isso a doença exige acompanhamento médico.

O indivíduo heterozigoto apresenta hemoglobinas normais e defeituosas. Assim, no nível molecular, a doença pode ser considerada um caso de codominância. Contudo, o heterozigoto geralmente não apresenta problemas. Portanto, em termos de fenótipo, a doença é considerada recessiva.

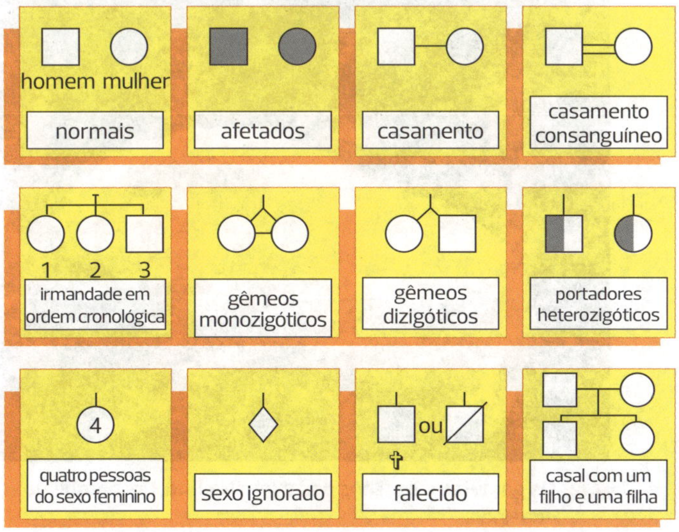

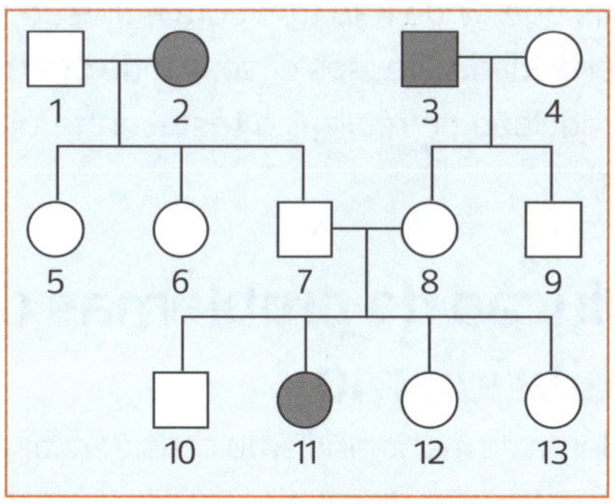

2.11 Símbolos usados nos heredogramas e um heredograma de uma família que apresenta albinismo.

Não podemos esquecer que, embora os genes influenciem muitas características humanas, as influências ambientais e as interações entre os diversos genes de uma pessoa e entre eles e as proteínas fazem com que a determinação da maioria das características seja muito complexa e, muitas vezes, o cientista tem de trabalhar com um modelo bastante simplificado de herança.

Uma forma de descobrir como ocorre a herança das características humanas é elaborar **heredogramas** ou **árvores genealógicas**, esquemas que apresentam, com uma série de símbolos, os indivíduos de uma família. Esses símbolos indicam o grau de parentesco, o sexo, a geração, a ordem de nascimento, a presença de um caráter afetado por determinada anomalia, etc. Veja a figura 2.11, que mostra os símbolos usados nos heredogramas e seus significados, e um heredograma de uma família com casos de albinismo: o indivíduo 11 é uma menina albina; sua avó paterna (2) e seu avô materno (3) também são albinos.

Aconselhamento genético

A avaliação dos riscos que uma pessoa ou um casal que deseja ter filhos corre de ter um problema genético é feita por especialista na área de Genética Clínica, que ajudará também a pessoa ou o casal a compreender a evolução, o tratamento e as opções para se lidar com o problema.

O profissional pode analisar a história familiar da doença, solicitar diversos exames e até mesmo exames de cromossomos e testes genéticos.

Muitas vezes os genes apenas aumentam o risco da doença e a pessoa só precisa tomar certas precauções. Por exemplo, mulheres com propensão ao câncer de mama devem realizar exames periódicos com mais frequência. Em alguns casos, porém, os testes podem indicar doenças que ainda não têm cura e que só aparecem após certa idade. Nesses casos, pode ser muito difícil tomar a decisão de realizar o teste, entre outros dilemas éticos.

6 Resolução de problemas de monoibridismo

Um problema de monoibridismo considera apenas uma característica. Em certos casos, é fornecido o genótipo dos pais em relação a determinada característica e pede-se o da geração seguinte; em outros, é fornecido o resultado de um cruzamento entre indivíduos dos quais só se conhece o fenótipo e pede-se o genótipo desses indivíduos ou o tipo de herança.

Vamos examinar agora apenas os casos de heranças autossômicas, isto é, influenciadas por genes que estão nos autossomos e não nos cromossomos sexuais (no capítulo 5, veremos os critérios para reconhecer heranças que dependem desses cromossomos). Nas heranças autossômicas, a característica aparece igualmente em homens e mulheres e ambos têm a mesma probabilidade de transmiti-la aos filhos de ambos os sexos.

a) Em cobaias (porquinhos-da-índia), pelos curtos dominam pelos longos. Qual o resultado (genótipos e fenótipos) do cruzamento entre um macho de pelo curto e heterozigoto e uma fêmea de pelo longo?

O genótipo do macho de pelo curto e heterozigoto é **Ll** e o da fêmea de pelo longo é **ll**. Verificamos os tipos de gametas possíveis e associamos espermatozoides e óvulos (figura 2.12).

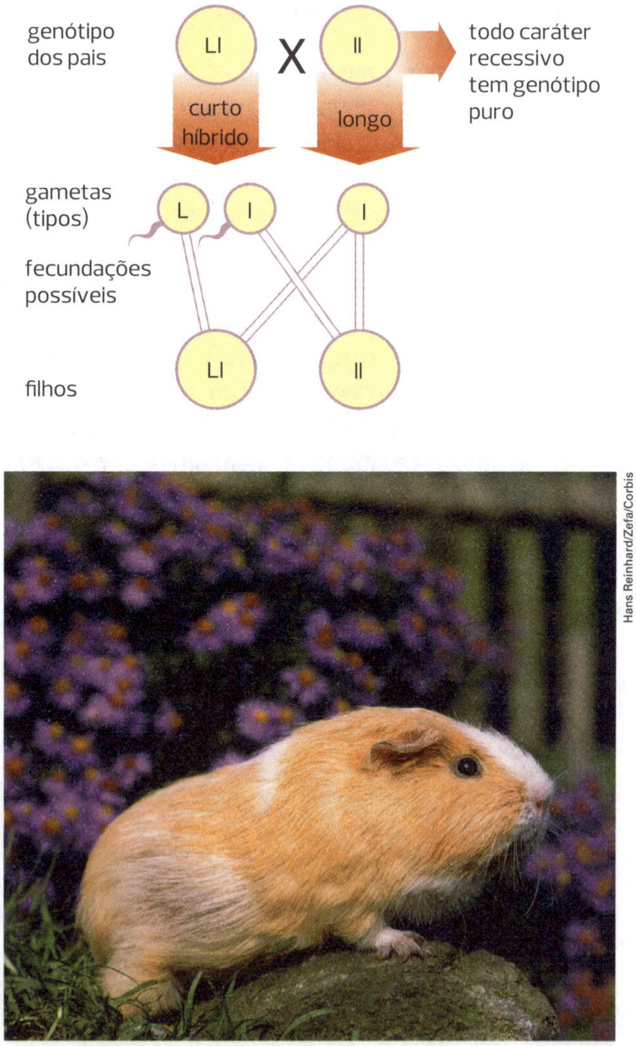

2.12 **Os gametas e os filhos possíveis. Na foto, um porquinho-da-índia.**

Assim, 50% dos filhos terão pelo curto (**Ll**) e 50% terão pelo longo (**ll**).

Outra forma de determinar as fecundações possíveis consiste em usar o **quadrado de Punnett**, inventado pelo geneticista inglês R. C. Punnett (1875-1967), que facilita a visualização das fecundações (quadro abaixo). Nesse esquema, os gametas de um dos sexos ficam organizados em colunas e os do outro sexo em linhas. Cada quadrado indica o resultado de uma fecundação possível.

♀ gameta produzido pela fêmea \ gameta produzido pelo macho ♂	L	l
l	Ll	ll
	genótipo dos filhos	

b) Qual o resultado do cruzamento entre duas cobaias heterozigotas para o tipo de pelo (curto domina longo)?

O problema pode ser resolvido com o quadrado de Punnett mostrado a seguir:

genótipo dos pais	Ll	×	Ll	
gametas	L	l	L	l

♂ \ ♀	L	l
L	LL	Ll
l	Ll	ll

Portanto, serão 75% com pelos curtos (50% **Ll** e 25% **LL**) e 25% com pelos longos (**ll**).

c) Um casal de pele pigmentada tem um filho albino. Qual o caráter dominante e qual o genótipo dos pais?

Para solucionar esse tipo de problema, podemos estabelecer o seguinte método:

- I. Traduzimos o enunciado do problema em um esquema, indicando com os símbolos ♂ e ♀ (ou □ e ○, respectivamente) todos os indivíduos envolvidos no cruzamento e mencionando apenas o seu fenótipo (figura 2.13).
- II. Passamos à pesquisa do caráter dominante: quando um casal com fenótipos iguais tem pelo menos um filho com fenótipo diferente, o fenótipo do casal corresponde ao caráter dominante.

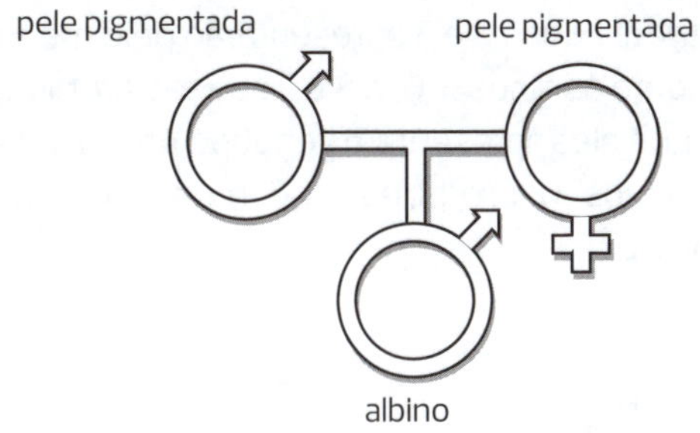

2.13 Organização de um cruzamento.

Neste exemplo, como um casal de pele pigmentada tem um filho albino, o caráter dominante é pele pigmentada. Estabelecemos que **A** é o alelo para pele pigmentada e **a** o alelo para albinismo.

- III. Colocamos os genótipos nos símbolos, partindo do caráter recessivo, pois sabemos que o fenótipo recessivo é sempre puro. Começamos pelo filho recessivo **aa**. Como cada um desses alelos vem de cada pai, podemos colocar um **a** no pai e outro **a** na mãe. Se o fenótipo dos pais é pele com pigmentação, eles têm de possuir, cada um, um alelo **A** (figura 2.14).

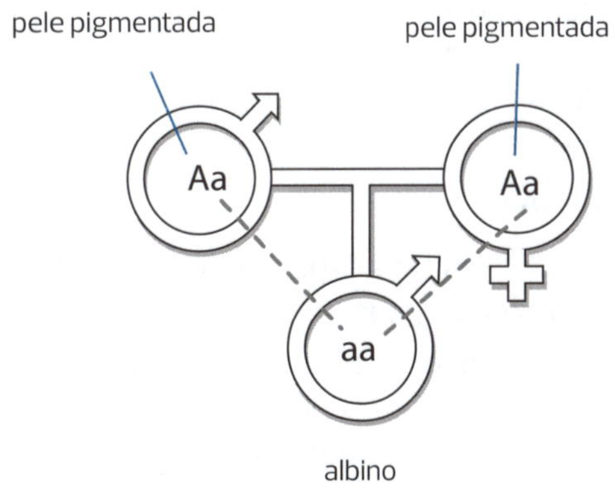

2.14 Preenchimento dos genótipos com base no recessivo.

Portanto, o caráter dominante é pele pigmentada e os pais têm genótipo **Aa**.

No caso de dominância incompleta e codominância, o problema é mais simples, pois o heterozigoto será sempre diferente dos dois homozigotos.

Problemas com heredogramas

No heredograma a seguir aparecem indivíduos afetados (símbolos escuros) por alguma característica determinada por um par de alelos. Analisando-o, podemos concluir que o caráter afetado é recessivo, pois o cruzamento de dois indivíduos normais (7 ou 8) deu uma filha afetada (11, **aa**). Logicamente, os indivíduos 7 e 8 são portadores de um alelo **a**. Como não são afetados, seu genótipo é **Aa**. Os indivíduos 2 e 3 também são afetados; por isso seu genótipo também é **aa**. Assim, todos os filhos dos indivíduos 2 e 3 apresentarão pelo menos um alelo **a**. Como os filhos 5, 6, 7, 8 e 9 não são afetados, concluímos que eles apresentam genótipo **Aa**. Em relação aos indivíduos 10, 12 e 13, não podemos determinar se são **AA** ou **Aa**.

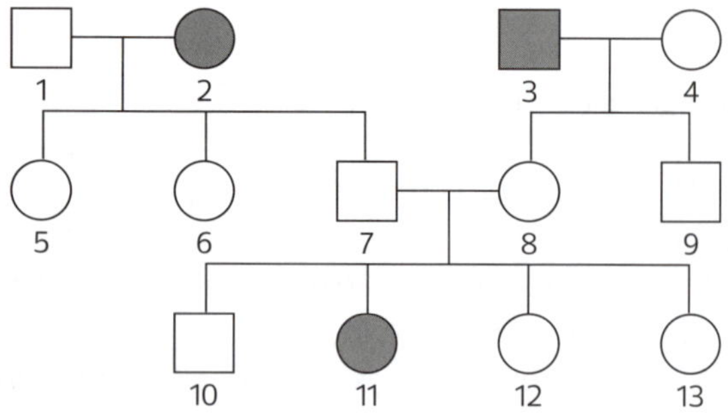

Refletindo e concluindo

1 (Unir-RO) De acordo com as leis de Mendel, um indivíduo com genótipo Aa produz gametas:

a) somente **a**.
b) somente **A**.
c) **A** e **a**.
d) **Aa**.
e) **AA**, **Aa** e **aa**.

2 (UFC-CE) Nos seus experimentos realizados com ervilha, Mendel pôde:

a) deduzir que a transmissão de características só acontece em ervilha.
b) entender que a transmissão de características acontece de uma geração para outra através de fatores segregantes.
c) compreender que os fatores hereditários transmitidos estavam localizados em estruturas cromossômicas homólogas.
d) concluir que a transmissão de características não acontece por fatores hereditários.
e) concluir que cada característica é determinada por dois ou mais pares de fatores.

3 (FEI-SP) Algumas variedades de canários mudam de cor dependendo da alimentação que recebem. Essa mudança indica que o:

a) fenótipo depende do ambiente.
b) genótipo depende do ambiente.
c) fenótipo depende do genótipo e do meio ambiente.
d) genótipo depende do fenótipo e do meio ambiente.
e) genótipo depende dos genes.

4 (FGV-SP) Na Genética, uma expressão bastante conhecida diz que fenótipo é o genótipo mais o ambiente. Essa expressão significa que:

a) o ambiente altera o genótipo do indivíduo, visando à sua adaptação.
b) o genótipo do indivíduo é o resultado da ação do ambiente sobre seu fenótipo.
c) o fenótipo do indivíduo é o resultado da expressão de seu genótipo em um dado ambiente.
d) o genótipo do indivíduo pode variar como resultado da expressão de seu fenótipo em diferentes ambientes.
e) o fenótipo do indivíduo é invariável e resulta da expressão de seu genótipo em qualquer que seja o ambiente.

5 (Uece) Se num cruzamento-teste encontramos a proporção fenotípica 1 : 1, isto é, 50% da progênie com fenótipo dominante e 50% com fenótipo recessivo, podemos concluir corretamente que:

a) o genótipo do indivíduo testado era homozigoto.
b) o genótipo do indivíduo testado era heterozigoto.
c) ambos os genótipos dos indivíduos cruzados eram homozigotos.
d) ambos os genótipos dos indivíduos cruzados eram heterozigotos.

6 (Unifesp) Em um cruzamento de um indivíduo **AA** com outro **aa**, considerando que o alelo **A** é dominante sobre **a**, a proporção fenotípica observada em $\mathbf{F_2}$ significa exatamente que:

a) 25% da prole expressam o fenótipo determinado pelo alelo dominante e 75% não o expressam.
b) em 25% da prole, o fenótipo recessivo é mascarado pelo fenótipo dominante.
c) 75% da prole expressam o fenótipo determinado pelo alelo **A** e 25% não o expressam.
d) em 50% da prole o fenótipo dominante é mascarado pelo fenótipo recessivo.
e) 50% da prole possui um único tipo de alelo e 50% possuem outro tipo de alelo.

7 (Unimar-SP) A probabilidade de um casal heterozigoto para um gene recessivo que causa o albinismo (falta de síntese de melanina no indivíduo) ter dois filhos (não importando o sexo) normais é de:

a) 1/4.
b) 3/4.
c) 1/16.
d) 3/16.
e) 9/16.

8 (Ufla-MG) Um jardineiro ganhou uma planta ornamental com flores vermelhas. Ele autofecundou todas as flores e quando plantou as 60 sementes obtidas, verificou que 45 tinham flores vermelhas e 15 tinham flores brancas. Se ele cruzar uma das plantas de flor vermelha, cujo genótipo é igual ao da planta que ele ganhou, com uma das plantas de flor branca, qual das proporções abaixo será esperada na descendência com relação à cor da flor?

a) 50% vermelha e 50% branca
b) 75% vermelha e 25% branca
c) 100% vermelha
d) 100% rosa
e) 25% vermelha, 50% rosa e 25% branca

9 (Uerj) Em determinado tipo de camundongo, a pelagem branca é condicionada pela presença do gene **A**, letal em homozigose. Seu alelo recessivo **a** condiciona pelagem preta. Para os filhotes vivos de um cruzamento de um casal de heterozigotos, esperam-se as seguintes proporções de camundongos de pelagem branca e preta, respectivamente:

a) 1/2 e 1/2.
b) 1/4 e 3/4.
c) 2/3 e 1/3.
d) 3/4 e 1/4.

10 (UFMG) Analise este heredograma, que representa uma família em que há indivíduos afetados por um tipo de tumor de gengiva:

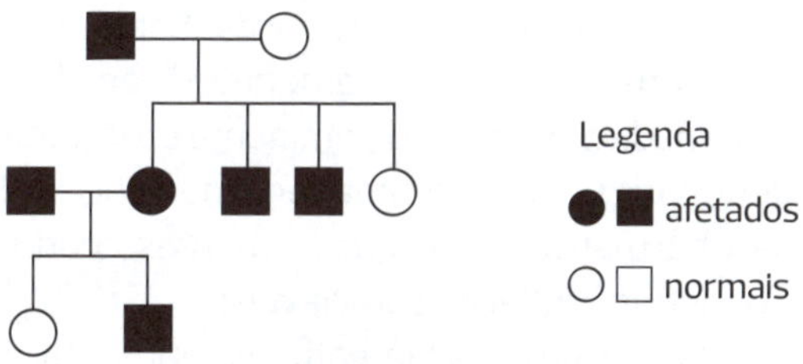

Considerando as informações desse heredograma e outros conhecimentos sobre o assunto, é incorreto afirmar que:

a) os indivíduos normais, em todas as gerações, são homozigotos.
b) a ocorrência do tumor é uma característica autossômica.
c) o próximo filho do casal II.1 × II.2 será normal.
d) a probabilidade de o indivíduo III.2 ser heterozigoto é de dois terços.

11 (UFPR) Na genealogia a seguir, os indivíduos assinalados com preto apresentam uma anomalia determinada por um gene dominante.

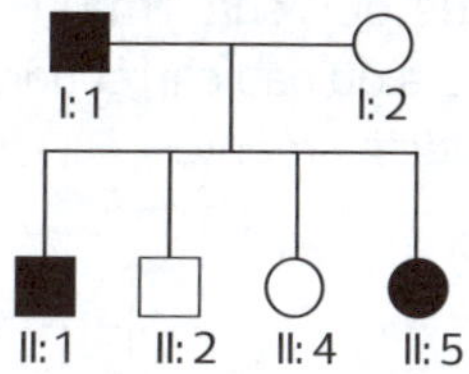

Analisando essa genealogia, é correto afirmar:

a) Todos os indivíduos afetados são homozigotos.
b) Todos os indivíduos não afetados são heterozigotos.
c) Apenas o indivíduo I:1 é heterozigoto.
d) Apenas os indivíduos I:1, II:1 e II:5 são heterozigotos.
e) Apenas os indivíduos I:1 e I:2 são homozigotos.

12 (PUC-RS) A doença de Huntington (DH) é uma anomalia autossômica com caráter dominante cuja manifestação ocorre na fase adulta, com uma progressiva perda do controle motor e problemas psiquiátricos como demência e distúrbios afetivos. No heredograma a seguir, os indivíduos afetados por DH estão indicados em negro.

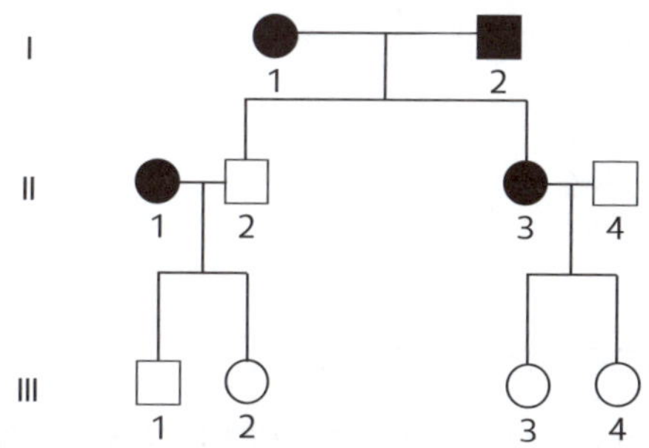

As afirmativas abaixo referem-se aos possíveis genótipos dos indivíduos indicados no heredograma. Assinale, nos parênteses, **V** para as verdadeiras e **F** para as falsas.

( ) Os indivíduos I-1, I-2, II-1 e II-3 são homozigotos.

( ) Os indivíduos II-1 e II-3 são heterozigotos.

( ) Os indivíduos II-2 e II-4 são heterozigotos.

( ) Os indivíduos III-1, III-2, III-3 e III-4 são homozigotos.

A sequência correta de preenchimento dos parênteses de cima para baixo é:

a) F – V – F – V.
b) F – V – V – F.
c) V – F – V – F.
d) V – F – F – V.
e) V – F – V – V.

13 (UFC-CE; adaptada) No heredograma a seguir, a criança II-1 tem fibrose cística, uma doença causada por um alelo recessivo autossômico. As probabilidades de que sua irmã (II-2) não afetada seja carreadora ou não carreadora da fibrose cística são, respectivamente:

a) zero, 1/4.
b) 1/4, 1/2.
c) 1/4, 1/4.
d) 2/3, 1/3.
e) 1/2, 1/2.

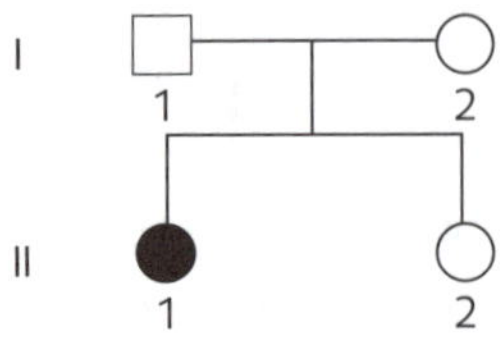

14 (Ucsal-BA) Em urtigas, o caráter denteado das folhas domina o caráter liso. Em uma experiência de polinização cruzada, foi obtido o seguinte resultado: 89 denteadas e 29 lisas. A provável fórmula genética dos cruzantes é:

a) Dd × dd.
b) DD × dd.
c) Dd × Dd.
d) DD × Dd.
e) DD × DD.

15 (PUC-RS) Do casamento de Antônio com Maria, ambos normais para o caráter pigmentação da pele, nasceu Clarice, que é albina. Qual a probabilidade de o segundo filho desse casal ser também albino?

a) 100%
b) 85%
c) 60%
d) 25%
e) 10%

Questões para análise

1 Com base em seus conhecimentos de probabilidade, explique por que, para descobrir se um indivíduo é homozigoto ou heterozigoto, é mais prático cruzá-lo com um homozigoto recessivo do que com um heterozigoto (ambos com genótipo conhecido).

2 Observe o heredograma abaixo no qual os indivíduos afetados por determinada característica estão indicados pela cor escura.

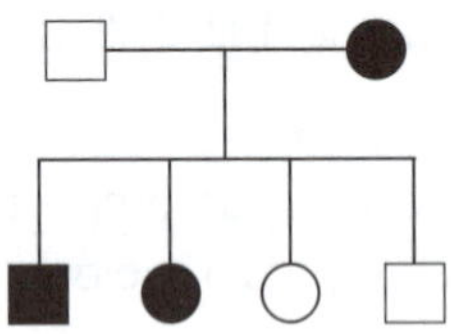

a) Podemos deduzir se a característica presente nos indivíduos afetados é dominante ou recessiva?

b) Se tivéssemos a informação de que a mãe afetada é homozigota, poderíamos determinar se a característica é dominante ou recessiva? Justifique sua resposta.

3 (UFRRJ) Uma planta que produz rabanetes redondos foi cruzada com outra que produzia rabanetes alongados, resultando no surgimento de 100% de plantas que produziam rabanetes ovais. O cruzamento das plantas que produziam rabanetes ovais entre si gerou 30 plantas que produziam rabanetes redondos, 62 plantas que produziam rabanetes ovais e 34 plantas que produziam rabanetes redondos. Qual o tipo de herança ligada à determinação da forma dos rabanetes produzidos por essa espécie de planta? Demonstre os cruzamentos citados e os respectivos genótipos dos indivíduos envolvidos.

StockFood/Latinstock

4 (Vunesp-SP) Suponha que você tenha em seu jardim exemplares da mesma espécie de ervilha utilizada por Mendel em seus experimentos. Alguns desses exemplares produzem sementes lisas e outros, sementes rugosas. Sabendo que a característica "lisa" das sementes da ervilha é determinada por um alelo dominante **L**, portanto por genótipos **LL** ou **Ll**, e sabendo ainda que as flores são hermafroditas e que sementes produzidas por autofecundação são viáveis:

a) Planeje um cruzamento experimental entre flores de exemplares diferentes que lhe permita determinar se uma planta que produz sementes lisas é homozigota ou heterozigota para esse caráter.

b) No caso de ocorrer autofecundação em uma planta que produz sementes lisas e é heterozigota, qual seria a proporção esperada de descendentes com sementes rugosas?

5 (Unicamp-SP) Gatos Manx são heterozigotos para uma mutação que resulta na ausência de cauda (ou cauda muito curta), presença de pernas traseiras grandes e um andar diferente dos outros. O cruzamento de dois gatos Manx produziu dois gatinhos Manx para cada gatinho normal de cauda longa (2 : 1), em vez de três para um (3 : 1), como seria esperado pela Genética mendeliana.

a) Qual a explicação para esse resultado?

b) Dê os genótipos dos parentais e dos descendentes. (Utilize as letras **B** e **b** para as suas respostas).

6 (Ufal) No heredograma a seguir, os indivíduos 6, 12 e 16 apresentam um tipo de surdez hereditária, com herança autossômica recessiva. Identifique os indivíduos seguramente heterozigóticos, justificando sua escolha.

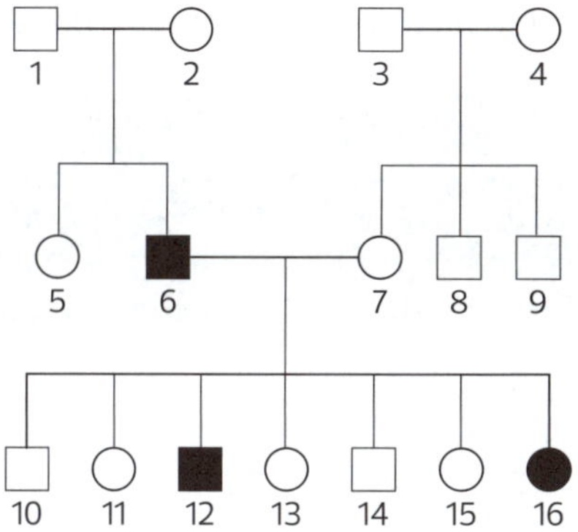

7 (UFC-CE) Rogério, um fazendeiro do município de Redenção, estava muito feliz com a sua nova compra, um legítimo touro mocho (sem chifres) que lhe custou os olhos da cara, como se diz no interior. No entanto, ele teve uma grande surpresa quando cruzou o touro com 3 vacas e obteve os seguintes filhotes: com a vaca I foram obtidos, somente, descendentes sem chifres; com a vaca II, chifruda, obteve-se um descendente chifrudo; e, finalmente, com a vaca III, mocha, foi obtido um descendente chifrudo. Para essa raça de animal, o caráter mocho (sem chifres) é determinado por um gene autossômico dominante em relação ao caráter presença de chifres. Rogério, sem entender muito de hereditariedade, e muito zangado, foi procurar uma geneticista da UFC, com as seguintes perguntas:

a) Quais os genótipos dos animais envolvidos nos cruzamentos?

b) Após a identificação dos genótipos dos animais, que explicação genética foi dada a Rogério a respeito da sua infelicidade na compra do touro?

Observação: Utilizar a letra maiúscula **A** para o gene dominante e a minúscula **a** para o recessivo.

8 (UFC-CE) Leia o texto a seguir.

"A doença de Alzheimer (DA) (...) é uma afecção neurodegenerativa progressiva e irreversível, que acarreta perda de memória e diversos distúrbios cognitivos. Em geral, a DA de acometimento tardio, de incidência ao redor de 60 anos de idade, ocorre de forma esporádica, enquanto a DA de acometimento precoce, de incidência ao redor de 40 anos, mostra recorrência familiar. (...) Cerca de um terço dos casos de DA apresenta familiaridade e comporta-se de acordo com um padrão de herança monogênica autossômica dominante. Esses casos, em geral, são de acometimento precoce e famílias extensas têm sido periodicamente estudadas." (SMITH, M. A. C., *Revista Brasileira de Psiquiatria*, 1999.)

Considerando o texto e o histórico familiar a seguir, responda ao que se pede.

Histórico familiar: "Um rapaz cujas duas irmãs mais velhas, o pai e a avó paterna manifestaram doença de Alzheimer de acometimento precoce".

Legendas:

○ = indivíduo do sexo feminino

□ = indivíduo do sexo masculino

● = indivíduo afetado do sexo feminino

■ = indivíduo afetado do sexo masculino

I Montar o heredograma para o histórico familiar apresentado.

II Qual a probabilidade de o rapaz em questão também ser portador do gene responsável pela forma de acometimento precoce da doença?

III Quais indivíduos do heredograma são seguramente heterozigotos para esse gene?

IV Explicar o padrão de herança mencionado no texto.

9 (Unicamp-SP) Em experimento feito no início do século, dois pesquisadores retiraram os ovários de uma cobaia albina e implantaram-lhe um ovário obtido de uma cobaia preta. Mais tarde, o animal foi cruzado com um macho albino e deu origem a uma prole toda preta.

a) Sabendo que o albinismo é característica recessiva, como você explica esse resultado?

b) Indique os genótipos da fêmea preta e da prole.

c) Se fosse possível implantar os pelos da fêmea preta na fêmea albina, em vez de transplantar o ovário, o resultado seria o mesmo? Justifique.

10 (UMC-SP) Por que nos animais o termo heterozigoto, referente a uma determinada característica genética, só se aplica aos indivíduos e não aos gametas?

11 (UFV-MG) Um determinado casal normal, mas heterozigoto para albinismo, solicitou aconselhamento genético sobre a possibilidade de vir a ter crianças apresentando a condição albina. Qual a probabilidade de esse casal ter:

a) quatro crianças albinas?
b) uma criança albina e do sexo feminino?
c) uma criança normal heterozigota e do sexo masculino?

12 (UFRJ) No heredograma a seguir a cor preta indica indivíduos com pelagem negra, fenótipo determinado por um gene autossômico dominante **A**. A cor branca indica pelagem branca determinada por um gene recessivo. Os indivíduos 5 e 8 devem ser considerados homozigotos (**AA**), a menos que haja evidência contrária. Qual a probabilidade de que o cruzamento entre o indivíduo 9 e o indivíduo 10 gere um indivíduo de pelagem branca?

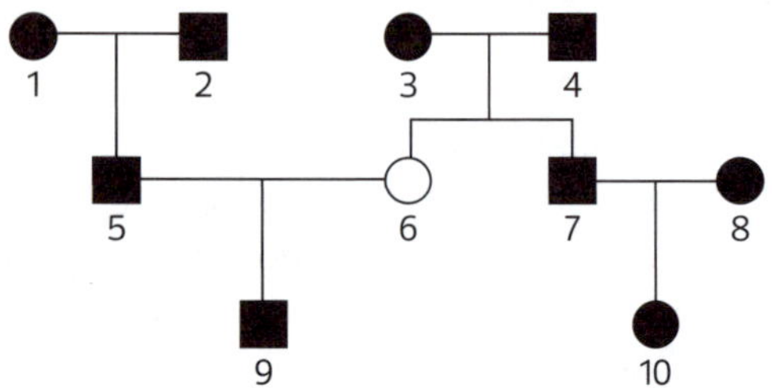

13 (Fuvest-SP) Em abóboras, a cor do fruto (branco ou amarelo) é controlada por um par de genes. Uma planta homozigota com frutos brancos foi cruzada com uma planta homozigota com frutos amarelos. A descendência desse cruzamento foi inteiramente constituída por plantas com frutos brancos. O cruzamento entre as plantas dessa descendência produziu 132 abóboras, que foram colhidas por um agricultor.

a) Quantos frutos amarelos e quantos brancos, desses 132, o agricultor espera obter?
b) Quantos, desses 132 frutos, se espera que sejam homozigotos?

14 (Uerj) A formação de uma característica fenotípica depende, em alguns casos, apenas de fatores genéticos. Em outros casos, prevalece a influência de fatores ambientais. Na maioria das vezes há uma interação entre fatores genéticos e ambientais. Um dos métodos utilizados para avaliar a importância relativa dos genes e dos fatores ambientais na formação de uma característica é o estudo comparativo entre irmãos gêmeos monozigóticos criados juntos e criados separados. A tabela a seguir, elaborada a partir de um grande número de pares de gêmeos, indica o grau de concordância de quatro características. Uma concordância significa que, quando um irmão possui a característica, o outro também a possui.

Característica	Grau de concordância (%)	
	Criados juntos	Criados separados
1	70	65
2	70	20
3	60	50
4	100	100

Indique a característica que mais depende de fatores ambientais. Justifique sua resposta.

15 (UFRJ) Uma determinada doença é transmitida por um gene autossômico (não está nos cromossomos sexuais) que codifica uma enzima. Indivíduos doentes caracterizam-se pela ausência de atividade enzimática no sangue (0 unidade/mL). A atividade da enzima, em indivíduos normais, é de 100 unidades/mL de sangue. Um homem e uma mulher, cada um com atividade enzimática de 50 unidades/mL, tiveram quatro filhos. Em um dos filhos, a atividade da enzima é de 100 unidades/mL; em outro, ela é de 50 unidades/mL; e nos outros dois, a atividade é ausente (0 unidade/mL).

a) Obedecida a proporção mendeliana clássica, qual seria a distribuição fenotípica entre os filhos do casal?
b) Como você explica a diferença entre a proporção obtida nesse caso e a proporção prevista na teoria mendeliana clássica?

capítulo 3

Segunda lei de Mendel

Após estudar uma característica de cada vez (monoibridismo), Mendel passou a se preocupar com o comportamento de duas características, uma em relação à outra, no mesmo cruzamento. Como seriam, por exemplo, os descendentes de um indivíduo de semente amarela e lisa com outro de semente verde e rugosa? O que ocorreria se realizássemos a autofecundação de um híbrido para essas duas características?

Ao analisar cruzamentos que envolviam dois tipos de características (**di-hibridismo**), Mendel descobriu mais uma lei da Genética.

Experiência de Mendel

Mendel cruzou ervilhas puras para semente amarela e para superfície lisa (caracteres dominantes) com ervilhas de semente verde e superfície rugosa (caracteres recessivos). Constatou que F_1 era totalmente constituída por indivíduos com sementes amarelas e lisas, o que era esperado, uma vez que esses caracteres são dominantes e os pais eram puros. Ao provocar a autofecundação de um indivíduo F_1, observou que a geração F_2 era composta de quatro tipos de semente: amarela e lisa, 9/16; amarela e rugosa, 3/16; verde e lisa, 3/16; verde e rugosa, 1/16 (figura 3.1).

Os fenótipos "amarela e lisa" e "verde e rugosa" já eram conhecidos, mas os tipos "amarela e rugosa" e "verde e lisa" não estavam presentes na geração paterna nem na F_1. O aparecimento desses fenótipos de recombinação de caracteres paternos e maternos permitiu a Mendel concluir que a herança da cor era independente da herança da superfície da semente. O par de fatores para cor se distribuía entre os filhos sem influir na distribuição do par de fatores para superfície.

Essa é a **segunda lei de Mendel**, também chamada de **lei da recombinação** ou **lei da segregação independente**, e pode ser assim enunciada: "Em um cruzamento em que estejam envolvidos dois ou mais caracteres, os fatores que determinam cada um se separam (se segregam) de forma independente durante a formação dos gametas, se recombinam ao acaso e formam todas as combinações possíveis".

Interpretação da segunda lei de Mendel

Em termos atuais, dizemos que o par de alelos para a cor da semente (**V** e **v**, com **V** determinando semente amarela e **v** semente verde) segrega-se independentemente do par de alelos para a forma da semente (**R** condicionando semente lisa e **r**, rugosa), uma vez que estão em diferentes pares de cromossomos.

O genótipo de um indivíduo puro com sementes amarelas e lisas é VVRR e o dos indivíduos com sementes verdes e rugosas é vvrr. Por meiose o indivíduo VVRR produz células **VR** e o indivíduo vvrr células **vr**. A união de gametas **VR** e **vr** produz apenas um tipo de indivíduo na geração F_1: VvRr (figura 3.2). Este indivíduo é di-híbrido e produz por meiose quatro tipos de células. Observe na figura 3.3 que, durante a meiose, há duas posições possíveis para os cromossomos na metáfase I. No total são produzidos quatro tipos de gametas: **VR**, **Vr**, **vR** e **vr**. Todos podem ocorrer com a mesma frequência: 25% ou 1/4.

P	amarela e lisa	×	verde e rugosa	
F_1	amarela e lisa (sofre autofecundação)			
F_2	9/16 amarela e lisa	3/16 amarela e rugosa	3/16 verde e lisa	1/16 verde e rugosa

Ingeborg Asbach/Arquivo da editora

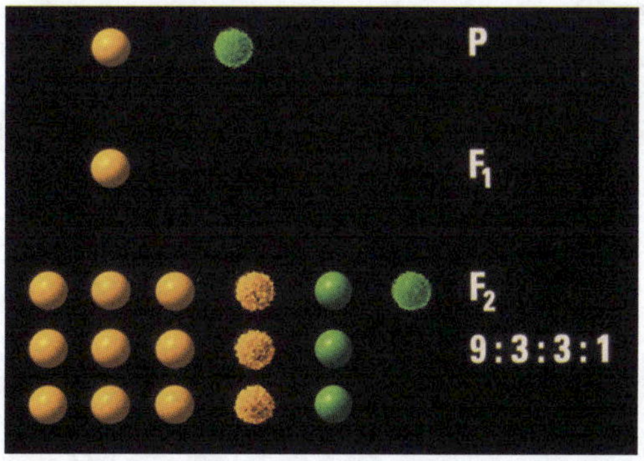

Science Photo Library

3.1 **Quadro demonstrativo da segunda lei de Mendel. Na foto, os quatro tipos de semente nas proporções de F_2.**

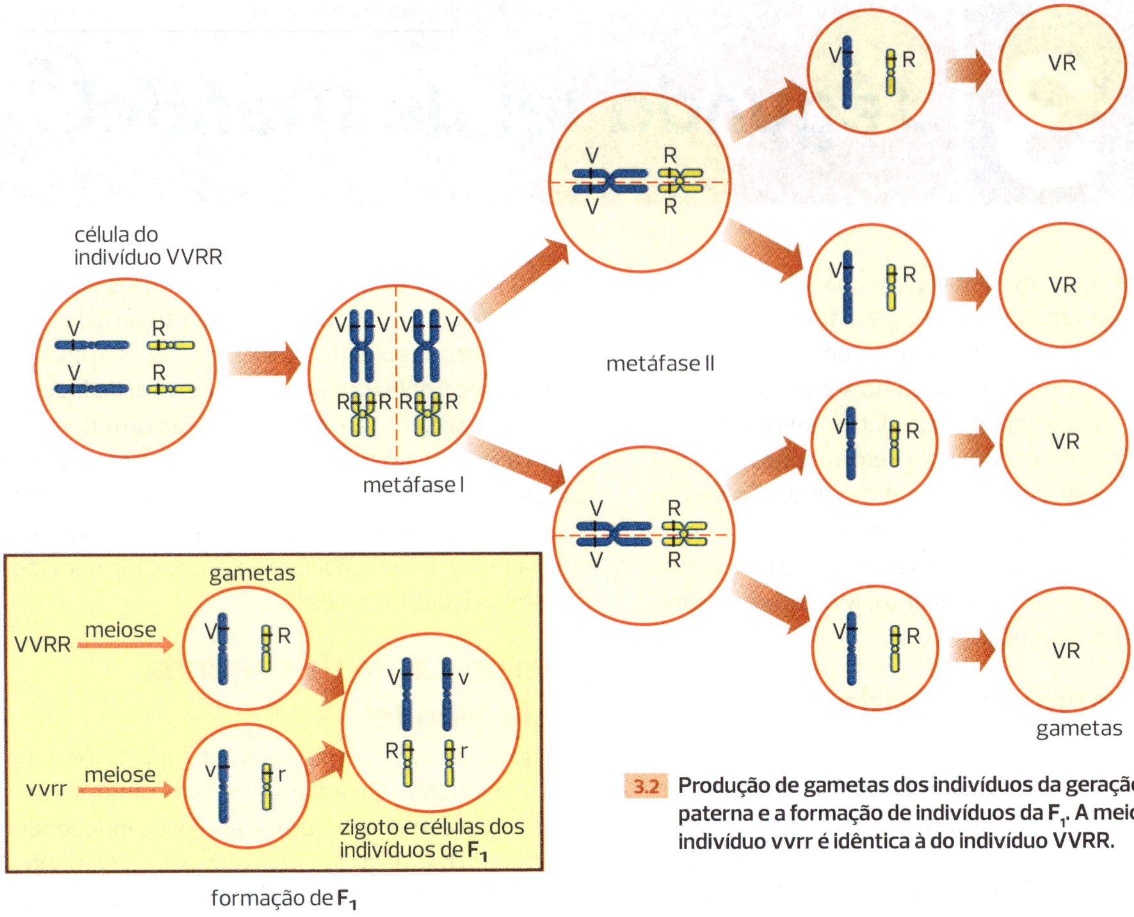

3.2 Produção de gametas dos indivíduos da geração paterna e a formação de indivíduos da F_1. A meiose do indivíduo vvrr é idêntica à do indivíduo VVRR.

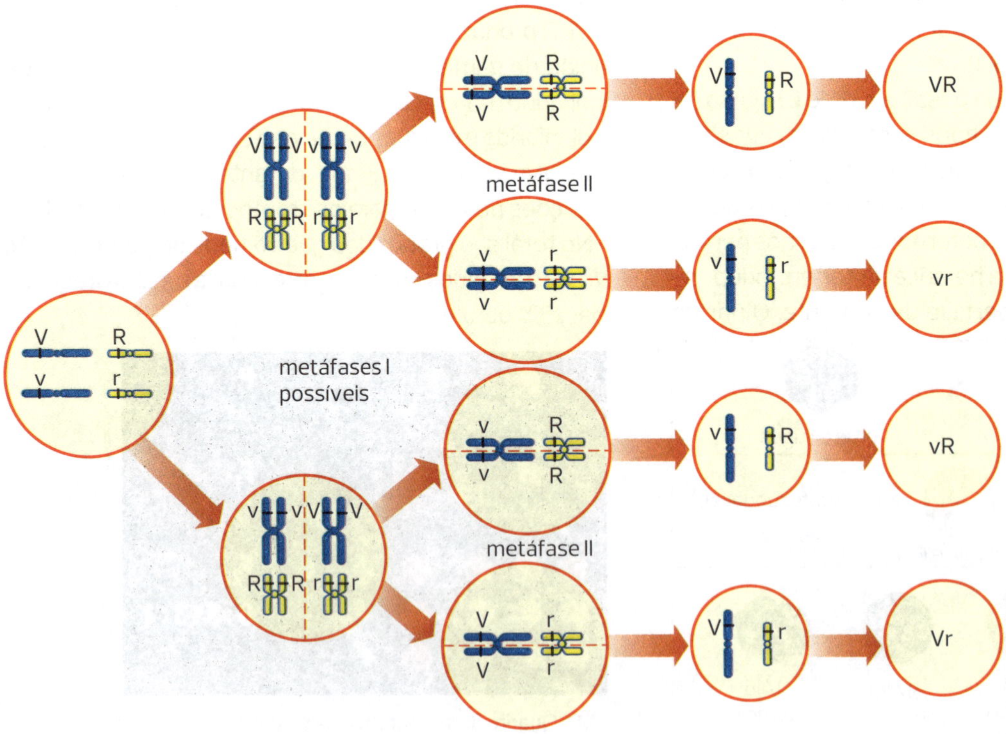

3.3 Os quatro tipos de gametas produzidos por um di-híbrido.

Os filhos resultantes da autofecundação desse di-híbrido (VvRr) serão as possíveis combinações entre esses quatro tipos de gametas (figura 3.4).

Ingeborg Asbach/Arquivo da editora

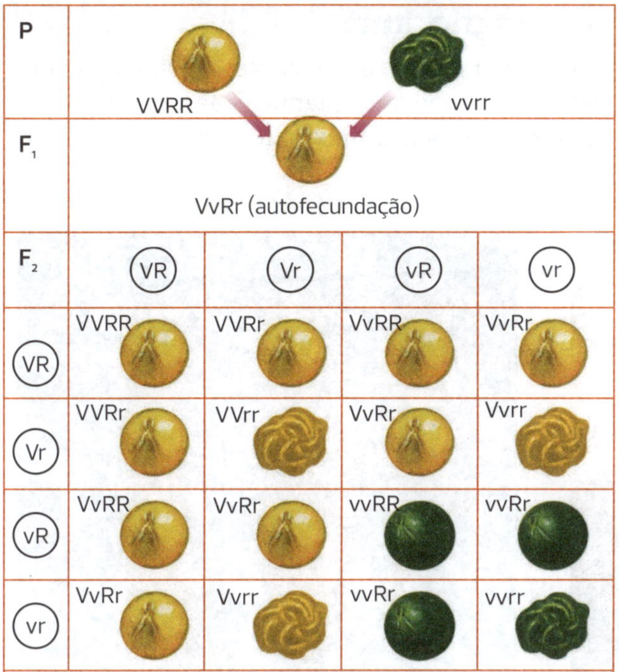

F_2: amarela e lisa, 9/16; amarela e rugosa, 3/16; verde e lisa, 3/16; verde e rugosa, 1/16

3.4 Gerações F_1 e F_2 do cruzamento de semente amarela e lisa pura com semente verde e rugosa.

Para encontrar todos os genótipos e fenótipos em um cruzamento:

- primeiro, achamos os gametas que cada indivíduo produz; por exemplo, a ervilha VvRr produz quatro gametas, que podem ser achados por análise combinatória com um dos dois esquemas abaixo:

V v R r → VR, Vr, vR, vr

V → R → VR
V → r → Vr

ou

v → R → vR
v → r → vr

- depois, esquematizamos um quadrado de Punnett (figura 3.5); no caso do cruzamento de dois di-híbridos, tomamos o cuidado de colocar os gametas na ordem indicada na figura; analisando as diagonais do quadrado, fica mais fácil achar os indivíduos que aparecem repetidos e formar a proposição de genótipos.

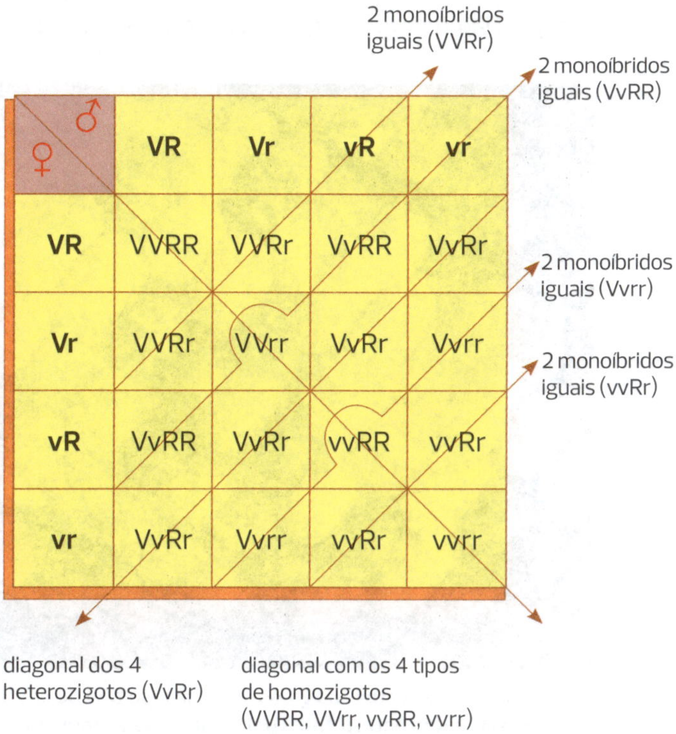

3.5 Genograma que facilita achar todos os indivíduos de F_2.

- A proporção genotípica do cruzamento de dois di-híbridos é 1 : 2 : 1 : 2 : 4 : 2 : 1 : 2 : 1. Nela, o número 4 indica a quantidade de di-híbridos (VvRr); o 2 indica os monoíbridos; e o 1, os homozigotos.

Depois de achar os genótipos, fazemos a correspondência com os fenótipos. No caso do cruzamento entre dois di-híbridos, 9/16 indivíduos apresentam os fenótipos dominantes para ambas as características (V_R_), que correspondem, neste caso, às ervilhas amarelas e lisas; 3/16 indivíduos apresentam fenótipo dominante para a primeira característica e recessivo para a segunda (V_rr) e correspondem às ervilhas amarelas e rugosas; 3/16 apresentam fenótipo dominante para a segunda característica e recessivo para a primeira (vvR_) e correspondem às ervilhas verdes e lisas; 1/16 apresenta fenótipo recessivo para ambas as características (vvrr) e corresponde às ervilhas verdes e rugosas.

Aplique seus conhecimentos

Leia o texto abaixo e responda às questões.

A segunda lei de Mendel e a agricultura

O trigo cultivado hoje é muito diferente do original porque pesquisadores selecionaram e cruzaram variedades mais produtivas ao longo do tempo. Não fizeram isso apenas com essa planta. Com cruzamentos seletivos, eles conseguiram diversas variedades de plantas, cães, gatos, vacas capazes de produzir mais leite, e assim por diante (figura 3.6).

Tom Bean/Corbis

Ted Streshinsky/Corbis

3.6 **As diferentes cores dos grãos de milho resultam de diferentes genótipos nos grãos. A variedade genética permite que cruzamentos entre plantas produzam novas variedades de plantas comestíveis. Por exemplo, o trigo no centro da segunda foto é resultado do cruzamento entre as duas variedades ao seu lado.**

Hoje em dia, esses cruzamentos são feitos de forma planejada e com auxílio da segunda lei de Mendel. Se, por exemplo, cruzarmos duas plantas homozigotas para vários pares de alelos (por exemplo, AABBCCDD e aabbccdd) que condicionam características que interessam à agricultura, vamos obter um poli-híbrido (AaBbCcDd). Se autofecundarmos esse poli-híbrido, vamos obter uma variedade de indivíduos com as várias combinações de características e escolhemos a variedade com as características desejadas (por exemplo, AaBbccDd). Desse modo, podemos conseguir uma planta que, ao mesmo tempo, produz frutos mais doces, que amadurecem mais rápido, são mais resistentes a parasitas, etc.

1 Uma distribuidora de grãos deseja obter uma variedade de trigo de alta produtividade. Seus técnicos selecionam três características vantajosas, sabidamente determinadas por pares de alelos localizados em cromossomos homólogos diferentes. Na primeira etapa da pesquisa era necessário obter apenas indivíduos heterozigotos. Qual o genótipo escolhido para a geração parental?

2 Após a obtenção dos heterozigotos, quantos genótipos diferentes poderão surgir na geração obtida do cruzamento entre os heterozigotos? Qual a importância de se conseguir tanta variedade genética?

3 Suponha que você seja geneticista e esteja trabalhando com alelos localizados em pares de cromossomos homólogos diferentes. Ao cruzar dois indivíduos heterozigotos, nasceram descendentes na proporção 9 : 3 : 3 : 1. Com esse resultado é possível saber quantos alelos estão envolvidos na característica? Por quê?

Compreendendo o texto

1 O que Mendel concluiu quando em F_2 apareceram sementes amarelas e rugosas e verdes e lisas?

2 Qual o enunciado da segunda lei de Mendel?

3 Em di-hibrismo, qual a proporção fenotípica e genotípica em F_2 ocorrendo dominância?

4 Que tipos de gametas são produzidos pelos indivíduos AALL, Aall e AaLl?

5 Dê o resultado dos cruzamentos entre os seguintes indivíduos: AALL × aall; AaLL × AaLL; AaLl × aall.

6 Uma cobaia fêmea híbrida de pelo preto e crespo (características dominantes) é cruzada com um macho de pelo branco e liso. Qual a probabilidade de nascer um filhote de pelo preto e liso?

7 Uma planta de semente amarela e lisa (características dominantes) foi cruzada com outra de semente verde e rugosa, produzindo metade de descendentes amarelos e rugosos e metade amarelos e lisos. Qual o genótipo dos pais?

8 Quantos tipos de gametas produz um híbrido para três pares de alelos? E para quatro pares?

9 Quantos tipos de genótipo e fenótipo se formarão em um cruzamento de dois tri-híbridos?

10 No cruzamento aaBbDd × AaBbDd, qual a probabilidade de nascer um indivíduo com genótipo AabbDD?

Refletindo e concluindo

1 (Fatec-SP) Em determinada planta, flores vermelhas são condicionadas por um gene dominante e flores brancas por seu alelo recessivo; folhas longas são condicionadas por um gene dominante e folhas curtas por seu alelo recessivo. Esses dois pares de alelos localizam-se em cromossomos diferentes. Do cruzamento entre plantas heterozigóticas para os dois caracteres resultaram 320 descendentes. Desses, espera-se que o número de plantas com flores vermelhas e folhas curtas seja:

a) 20.
b) 60.
c) 160.
d) 180.
e) 320.

2 (Uerj) Em cães, latir ou não latir durante a corrida são características definidas por um par de genes alélicos. O mesmo ocorre para os caracteres orelhas eretas ou orelhas caídas. Latir enquanto corre e possuir orelhas eretas são características dominantes, enquanto não latir durante a corrida e possuir orelhas caídas são recessivas. Considere o cruzamento entre um casal de cães heterozigotos para ambos os pares de alelos. Nesse caso, a probabilidade de que nasçam filhotes que latem enquanto correm e que possuem orelhas caídas é, aproximadamente, de:

a) 6,2%.
b) 18,7%.
c) 31,2%.
d) 43,7%.

3 (Fatec-SP) Sabendo que a miopia e o uso da mão esquerda são condicionados por genes autossômicos recessivos, considere a genealogia a seguir.

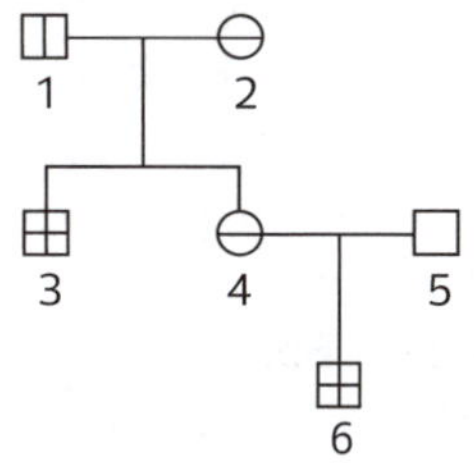

□ ○ canhoto e de visão normal
⊟ ⊖ destro e míope
◫ ⦶ destro e de visão normal
⊞ ⊕ canhoto e míope

Assinale a alternativa correta.

a) O indivíduo 2 deve ser heterozigoto para os alelos dessas duas características.
b) O indivíduo 3 deve ter herdado os alelos dessas duas características apenas de sua mãe.
c) A probabilidade de o casal 1 × 2 ter uma criança destra e de visão normal é de 3/8.
d) Todos os descendentes de pai míope e canhoto possuem essas características.
e) A probabilidade de o casal 4 × 5 ter uma criança míope e canhota é de 3/8.

4 (Furg-RS) Assinale a alternativa que apresenta todas as possibilidades de gametas formados a partir de um indivíduo com o genótipo AaBbCc.

a) Aa, Bb, Cc
b) ABC, abc
c) ABC, ABc, AbC, Abc, aBC, aBc, abC, abc
d) AB, AC, Ab, Ac, aB, aC, ab, ac
e) ABC, ABc, AbC, Abc

5 (Uece) Estudando um caso de segregação independente, a probabilidade de um casal, cujo genótipo é AABbCc × AaBbCc, ter um filho AAbbCC é expressa pela razão:

a) 1/2.
b) 1/4.
c) 1/8.
d) 1/32.

6 (Fuvest-SP) Um indivíduo é heterozigótico em dois *locos*: AaBb. Um espermatócito desse indivíduo sofre meiose. Simultaneamente, uma célula sanguínea do mesmo indivíduo entra em divisão mitótica. Ao final da intérfase que precede a meiose e a mitose, cada uma dessas células terá, respectivamente, a seguinte constituição genética:

a) AaBb e AaBb.
b) AaBb e AAaaBBbb.
c) AAaaBBbb e AaBb.
d) AAaaBBbb e AAaaBBbb.
e) AB e AaBb.

7 (Unimar-SP) Um indivíduo heterozigoto para dois pares de genes (**A** e **a**, **B** e **b**), localizados em dois pares diferentes de cromossomos, formará que tipos de gametas e em que proporções?

a) 75% **AB** e 25% **ab**.
b) 50% **Aa** e 50% **Bb**.
c) 25% **aa**, 50% **AB** e 25% **bb**.
d) 25% **AA**, 50% **ab** e 25% **BB**.
e) 25% **AB**, 25% **aB**, 25% **Ab** e 25% **ab**.

8 (PUC-SP) Foram analisadas em uma família duas características autossômicas dominantes com segregação independente: braquidactilia (dedos curtos) e prognatismo mandibular (projeção da mandíbula para frente). As pessoas indicadas pelos números 1, 3, 5 e 6 são braquidáctilas e prognatas, enquanto 2 e 4 têm dedos e mandíbulas normais.

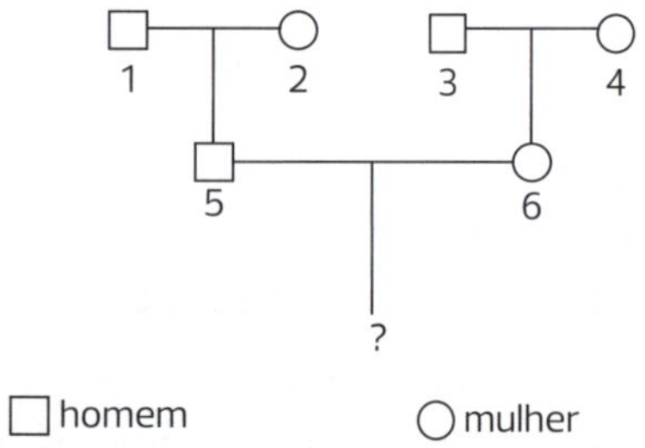

A probabilidade de o casal 5 × 6 ter um descendente simultaneamente braquidáctilo e prognata é de:

a) 1/16.
b) 3/16.
c) 9/16.
d) 3/4.
e) 1/4.

9 (Unirio-RJ) Se a mitose ocorre em uma célula de genótipo AaBbCc, onde os três pares de genes estão em pares de cromossomos distintos, os genótipos das células resultantes serão:

a) ABC, ABc, aBC, AbC, Abc, abC, abc.
b) ABC, abc.
c) Aa, Bb, Cc.
d) AABBCC, aabbcc.
e) AaBbCc.

10 (Ufal) Em tomateiros, o alelo **A** determina fruto com casca lisa e o alelo **a**, fruto aveludado; o alelo **R** condiciona fruto alongado e o alelo **r**, fruto redondo. Esses dois pares de alelos se localizam em cromossomos não homólogos. Na descendência de um dado cruzamento, foi verificada a proporção fenotípica: 3 lisos alongados : 3 aveludados alongados : 1 liso redondo : 1 aveludado redondo. O genótipo das plantas cruzadas pode ser:

a) AARR × aarr.
b) AaRr × AaRr.
c) AaRr × aaRr.
d) Aarr × aaRr.
e) Aarr × aarr.

11 (Unifor-CE) Três indivíduos da mesma espécie apresentam os seguintes genótipos: I. PPQQRR; II. ppQQrr; III. PPqqRR. Cruzamentos que poderão resultar em indivíduos heterozigóticos para os três pares de alelos são os que ocorrem somente entre:

a) I e II.
b) I e III.
c) II e III.
d) I e II e entre I e III.
e) I e III e entre II e III.

12 (Mack-SP) A fenilcetonúria e a miopia são doenças decorrentes da ação de genes autossômicos recessivos. Do casamento entre uma mulher normal, filha de mãe com fenilcetonúria e pai míope, com um homem normal para fenilcetonúria e míope, nasceu uma criança de visão normal e fenilcetonúrica. A probabilidade desse casal de ter uma criança normal para as duas características é:

a) 3/8.
b) 7/8.
c) 3/4.
d) 1/8.
e) 1/2.

Questões para análise

1 (Unioeste-PR) Em ervilha de jardim, *Pisun sativum*, coloração e textura da semente são condicionadas por genes com segregação independente e dominância completa, onde o alelo que condiciona coloração amarela é dominante sobre o alelo que condiciona coloração verde, e o alelo que condiciona textura lisa é dominante sobre o alelo que condiciona textura rugosa. A partir de um cruzamento entre plantas com sementes amarelas e lisas (P_1) e plantas com sementes verdes e rugosas (P_2), ambas homozigotas para os dois genes, quantos descendentes homozigotos para os dois *loci* espera-se obter em uma F_2 com 160 indivíduos?

2 (UnB-DF) Em uma determinada espécie animal, foram analisadas duas características com segregação independente e codominante: cor e textura do pelo. Para a cor do pelo, os homozigotos podem ser vermelhos ou brancos. Para a textura, os homozigotos têm pelo liso ou crespo. Calcule a porcentagem esperada de descendentes fêmeas com pelo vermelho crespo oriundas do cruzamento de dois animais duplamente heterozigotos. Despreze a parte fracionária de seu resultado, caso exista.

3 (Ufscar-SP) A figura mostra a segregação de dois pares de cromossomos homólogos na anáfase da primeira divisão meiótica de uma célula testicular de um animal heterozigótico quanto a dois genes. As localizações dos alelos desses genes, identificados pelas letras **Aa** e **Bb**, estão indicadas nos cromossomos representados no desenho.

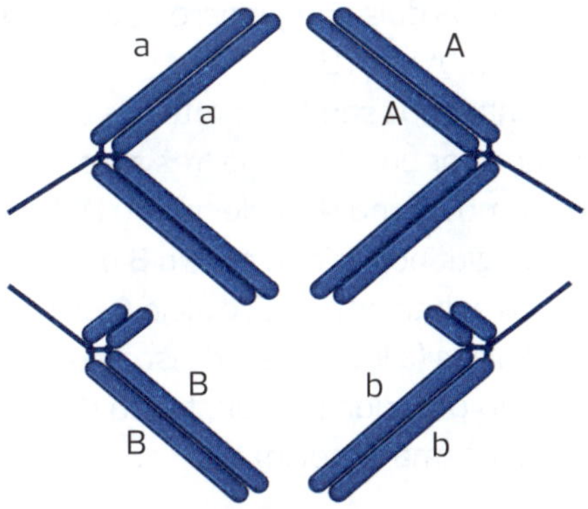

Banco de imagens/Arquivo da editora

a) Ao final da segunda divisão meiótica dessa célula, quais serão os genótipos das quatro células haploides geradas?

b) Considerando o conjunto total de espermatozoides produzidos por esse animal, quais serão seus genótipos e em que proporção espera-se que eles sejam produzidos?

4 (Fuvest-SP) Em cobaias, a cor preta é condicionada pelo alelo dominante **D** e a cor marrom, pelo alelo recessivo **d**. Em outro cromossomo, localiza-se o gene responsável pelo padrão da coloração: o alelo dominante **M** determina padrão uniforme (uma única cor) e o alelo recessivo **m**, o padrão malhado (preto/branco ou marrom/branco). O cruzamento de um macho de cor preta uniforme com uma fêmea de cor marrom uniforme produz uma ninhada de 8 filhotes: 3 de cor preta uniforme, 3 de cor marrom uniforme, 1 preto e branco e 1 marrom e branco.

a) Quais os genótipos dos pais?

b) Se o filho preto e branco for cruzado com uma fêmea cujo genótipo é igual ao da mãe dele, qual a proporção esperada de descendentes iguais a ele?

5 (Unicamp-SP) Suponha uma planta superior originada de um zigoto no qual dois dos pares de cromossomos, **A** e **B**, têm a constituição $A_1A_2B_1B_2$.

a) Qual será a constituição cromossômica da planta adulta originada desse zigoto? Justifique.

b) Se essa planta se reproduzir por autofecundação, a constituição cromossômica de seus descendentes será igual à da planta mãe? Justifique.

6 (Fuvest-SP) Através da fecundação, reúnem-se em um indivíduo os cromossomos maternos $\mathbf{M_1}$, $\mathbf{M_2}$, $\mathbf{M_3}$ e os cromossomos paternos $\mathbf{P_1}$, $\mathbf{P_2}$, $\mathbf{P_3}$.

a) Qual o número diploide do indivíduo?

b) Supondo que não ocorra permutação na meiose, quantos tipos diferentes de gameta ele poderá formar? Explique.

7 (FEI-SP) Cruzando na geração parental indivíduos de genótipos AABB e aabb e retrocruzando um indivíduo F_1 com pai homozigoto dominante, qual é a proporção esperada em F_2 de indivíduos heterozigotos para os dois caracteres?

8 (Fuvest-SP) Em uma espécie de planta, a cor amarela da semente é dominante sobre a cor verde e a textura lisa da casca da semente é dominante sobre a rugosa. Os *loci* dos genes que condicionam esses dois caracteres estão em cromossomos diferentes. Da autofecundação de uma planta duplo heterozigota foram obtidas 800 plantas. Qual o número esperado de plantas:

a) com sementes verdes e rugosas?

b) com sementes amarelas?

9 (UFRN) Considerando a 2ª lei de Mendel e o cruzamento entre os indivíduos que apresentam os genótipos AaBb × AaBb:

a) Determine quantos e quais são os gametas que poderão ser formados nos indivíduos AaBb.

b) Demonstre a proporção genotípica desse cruzamento.

capítulo 4

Polialelia e grupos sanguíneos

Os caracteres genéticos estudados até agora são controlados por apenas dois alelos. Por exemplo, no albinismo o alelo **A** determina pele pigmentada e o alelo **a** determina o albinismo. Na pelagem das cobaias, o alelo **L** determina pelo arrepiado e o alelo **l** pelo liso. Nas ervilhas, **R** determina sementes com superfície lisa e r com superfície rugosa; etc.

No entanto, determinado gene pode sofrer ao longo do tempo diversas mutações e originar vários alelos. Assim, um alelo original **A**, chamado de **selvagem**, por ser o primeiro a aparecer na natureza, pode sofrer duas, três ou mais mutações diferentes e originar uma série de múltiplos alelos que controlam o mesmo caráter.

Esse fenômeno é chamado de **polialelia**.

1 Alelos múltiplos em coelhos

A cor da pelagem dos coelhos é um exemplo clássico de polialelia. Ela é controlada por quatro alelos. O alelo **C**, que determina pelagem selvagem (cor mais comum na natureza) ou aguti (pelo marrom-escuro com uma faixa amarela próximo à extremidade, que dá um tom castanho à pelagem), sofreu mutações e produziu mais três alelos:

- o alelo $\mathbf{c^{ch}}$ para chinchila (pelo cinza-prateado);
- o alelo $\mathbf{c^{h}}$ para himalaia (pelo branco, com patas, focinho, rabo e orelhas pretos);
- o alelo $\mathbf{c^{a}}$ para albino (pelo totalmente branco).

Esses alelos apresentam dominância na ordem citada: **C** domina todos os outros alelos; $\mathbf{c^{ch}}$ domina $\mathbf{c^{h}}$ e $\mathbf{c^{a}}$; $\mathbf{c^{h}}$ domina $\mathbf{c^{a}}$ (figura 4.1).

Cada indivíduo possui apenas um par de cromossomos homólogos e, consequentemente, um par de alelos. Assim, os problemas de polialelia são semelhantes aos de monoibridismo.

2 Sistema ABO de grupos sanguíneos

Na espécie humana existem quatro grupos sanguíneos do sistema ABO – A, B, AB e O –, relacionados à presença de certos antígenos na membrana dos glóbulos vermelhos. Pessoas do grupo A apresentam um antígeno chamado de **aglutinogênio A** (*geno* = que gera); as do grupo B, o antígeno **aglutinogênio B**; as do grupo AB apresentam os dois antígenos; e as do grupo O não apresentam nem A nem B.

Esses antígenos são glicoproteínas e sua presença é controlada por uma série de três alelos localizados no par do cromossomo 9. O alelo **A** ou $\mathbf{I^{A}}$ determina a formação do aglutinogênio A; o alelo **B** ou $\mathbf{I^{B}}$ determina a formação do aglutinogênio B; o alelo **O** ou **i** não forma essas substâncias (a letra **I** vem de isoaglutinação, que é a aglutinação ocorrida na transfusão de sangue de indivíduos da mesma espécie).

Luís Gomes/Arquivo da editora

Luis Moura/Arquivo da editora

4.1 **A polialelia do pelo de coelhos.**

Os alelos I^A e I^B são dominantes em relação a **i**. Por isso pessoas de genótipo I^AI^A e I^Ai apresentam o aglutinogênio A e pessoas de genótipos I^BI^B e I^Bi o aglutinogênio B. Os indivíduos **ii** não possuem nem um nem o outro aglutinogênio. Entre os alelos I^A e I^B há codominância; assim, cada um fornece o seu efeito e aparecem as duas substâncias (figura 4.2).

Ilustrações: Luis Moura/Arquivo da editora

Genótipo	Grupo	Hemácia	Plasma (aglutininas)
I^AI^A (AA) I^Ai (AO)	A	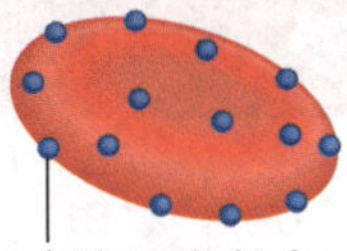 aglutinogênio A	anti-B
I^BI^B (BB) I^Bi (BO)	B	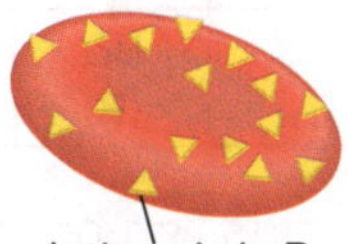 aglutinogênio B	anti-A
I^AI^B (AB)	AB	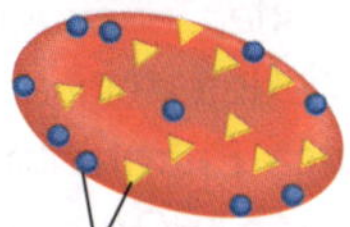 aglutinogênios A e B	nenhuma
ii (OO)	O	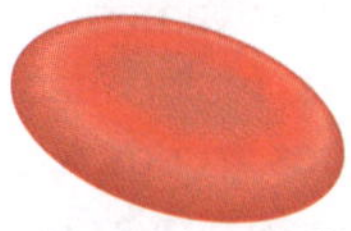 sem aglutinogênios	anti-A anti-B

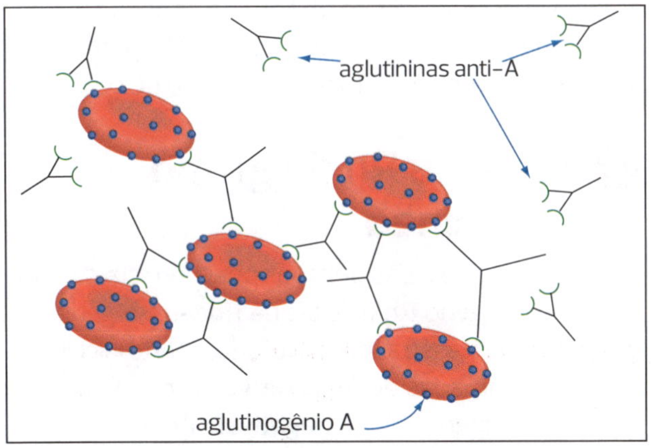

4.2 Os quatro grupos do sistema sanguíneo ABO, suas características e um exemplo de aglutinação.

Além dos aglutinogênios nas hemácias, podem ser encontrados no plasma anticorpos contra esses aglutinogênios, chamados de **aglutininas**. O termo *aglutinina* é usado para indicar que esses anticorpos provocam a aglutinação das hemácias. Desse modo, os anticorpos impedem que as hemácias ou outros organismos invasores se espalhem no organismo, auxiliando no processo de fagocitose pelos glóbulos.

A formação dos anticorpos começa logo após o nascimento por causa da contaminação natural por bactérias que possuem glicoproteínas semelhantes aos aglutinogênios A e B. Assim, o organismo de uma criança do grupo A produz aglutininas anti-B (ou β; figura 4.2). Ao nascer, uma criança do grupo B já possui aglutinogênio B na hemácia e, pelo mesmo processo, produz aglutinina anti-A (ou α). Crianças do grupo O formam as duas aglutininas, uma vez que os dois antígenos bacterianos (A e B) são estranhos ao seu patrimônio químico. Crianças do grupo AB (com os dois antígenos) não estranham a presença dos antígenos bacterianos e não formam aglutininas.

Teste para determinar o grupo sanguíneo

O teste para saber a que grupo sanguíneo uma pessoa pertence é feito por profissionais de saúde nos laboratórios ou nos hospitais. Duas gotas de sangue são colocadas uma em cada extremidade da lâmina de microscopia (figura 4.3) e adiciona-se a uma gota soro com aglutinina anti-A e à outra soro anti-B (o soro é a parte líquida do sangue, obtida após a coagulação).

Misturando o soro com a gota de sangue, pode-se ver quando há aglutinação das hemácias do sangue que está sendo analisado. Se elas tiverem os dois aglutinogênios (sangue AB), a aglutinação ocorrerá nas duas extremidades da lâmina, ou seja, onde houver soro anti-A (portador de aglutinina anti-A) e soro anti-B (portador de aglutinina anti-B). Se nas hemácias houver apenas aglutinogênio A (sangue A), ocorrerá aglutinação no soro anti-A. Se apresentarem apenas aglutinogênio B (sangue B), ocorrerá aglutinação no soro anti-B. Se não houver aglutinação em nenhuma das extremidades da lâmina, as hemácias não possuem os aglutinogênios e o sangue é do tipo O (figura 4.3).

Acidentes nas transfusões

Se o sangue de um indivíduo do grupo A for doado a um indivíduo do grupo B, as hemácias A do doador serão aglutinadas pelas aglutininas anti-A do plasma do receptor. Os aglomerados de hemácias obstruem pequenos vasos sanguíneos e causam problemas circulatórios. Algum tempo depois, essas hemácias são destruídas por glóbulos brancos e liberam a hemoglobina e outros produtos no plasma. Com isso, pode ocorrer desde uma pequena reação alérgica até lesões renais graves (causadas pelos produtos liberados) e morte. O mesmo ocorre se um indivíduo do grupo B doar sangue a um do grupo A.

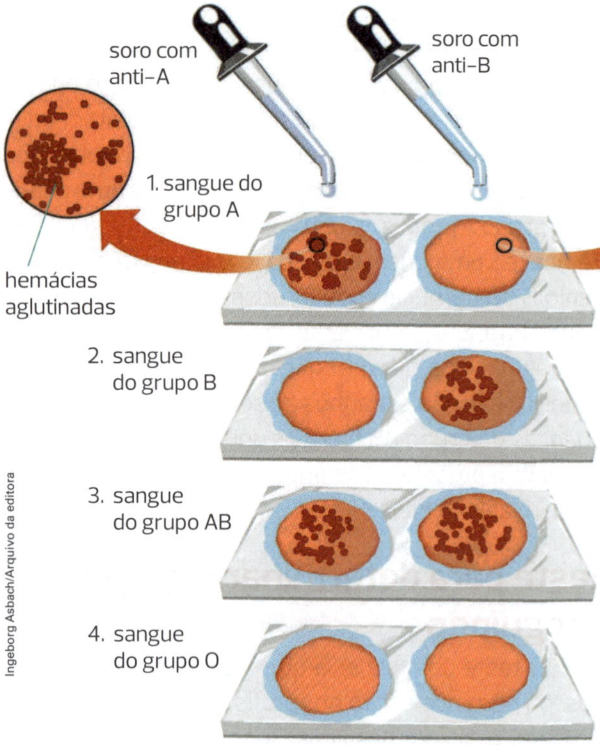

4.3 Teste dos grupos do sistema ABO feito em hospitais. Há aglutinação das hemácias dos grupos A e AB em soro anti-A e a aglutinação das hemácias dos grupos B e AB em soro anti-B.

Teoricamente, em pequenas transfusões (até meio litro mais ou menos), as aglutininas do doador se diluem muito no volume total de sangue do receptor, e sua concentração não deveria causar aglutinação. O problema maior seria a aglutinação das hemácias do doador pelo plasma do receptor.

Como o grupo O não tem aglutinogênio nas hemácias, pequenas quantidades desse tipo de sangue poderiam teoricamente ser doadas a qualquer receptor. Por isso pessoas do grupo O são chamadas de **doadores universais**. De modo semelhante, teoricamente, pessoas do grupo AB, por não terem aglutininas, aceitariam pequenas transfusões de qualquer tipo de sangue, sendo chamadas de **receptores universais**.

Na prática, as transfusões são feitas sempre no mesmo grupo, pois sempre há uma chance de as aglutininas do doador aglutinarem as hemácias do receptor. Além disso, antes da transfusão são feitos outros testes para verificar a compatibilidade com outros tipos de grupos sanguíneos.

Grupos sanguíneos e exclusão de paternidade

Os cruzamentos relativos ao sistema sanguíneo ABO são de monoibridismo, pois, apesar de estarem em jogo três alelos, cada indivíduo só apresenta um par de cromossomos homólogos portadores desses alelos. Veja os tipos de fecundação e os possíveis genótipos e fenótipos na tabela a seguir.

Alelos dos pais ↓ →	A	B	O
A	AA (A)	AB (AB)	AO (A)
B	AB (AB)	BB (B)	BO (B)
O	AO (A)	BO (B)	OO (O)

← genótipo do filho
← fenótipo

Com a análise dos grupos sanguíneos é possível esclarecer casos de paternidade duvidosa ou de trocas de bebês em maternidade. Dependendo das circunstâncias, é possível provar que determinado indivíduo não pode ser o pai de uma criança. Entretanto, apenas pelos grupos sanguíneos do sistema ABO nunca se pode provar que um homem é de fato o pai de uma criança, mesmo que seja.

Para exemplificar, vamos considerar o seguinte caso: se um homem e uma mulher são do grupo O, jamais poderão ter um filho dos grupos A, B e AB, mas, se a criança for do grupo O, não se prova que aquele homem é o pai, pois qualquer outro indivíduo do grupo O e mesmo do grupo A ou B heterozigoto (AO ou BO) poderia ser o pai.

Atualmente, com o teste de DNA, a paternidade pode ser esclarecida com altíssimo grau de certeza.

3 Sistema Rh de grupo sanguíneo

Cerca de 85% das pessoas possuem em suas hemácias o antígeno **Rh** (iniciais de *Rhesus*, o gênero de macaco no qual esse antígeno foi descoberto inicialmente) e são chamadas de **Rh positivas** (**Rh$^+$**). As que não têm esse antígeno são **Rh negativas** (**Rh$^-$**).

Embora vários alelos estejam envolvidos na herança do fator Rh, para efeitos de incompatibilidade de grupos sanguíneos, podemos considerar apenas um par de alelos: **D** (dominante, faz aparecer esse antígeno) e **d** (recessivo).

Ao contrário dos antígenos do sistema ABO, o antígeno Rh não é encontrado em bactérias intestinais, e, a princípio, um indivíduo negativo não possui anticorpos no plasma. Em geral, os indivíduos Rh$^-$ produzem anticorpos correspondentes quando recebem hemácias com o antígeno Rh, o que pode ocorrer durante a gravidez e no parto ou em transfusões. Veja o quadro abaixo.

Genótipo	DD ou Dd	dd
Grupo	Rh^+	Rh^-
Hemácia	com antígeno Rh	sem antígeno Rh
Plasma	sem anticorpos anti-Rh	com anticorpos anti-Rh se recebeu hemácias com antígeno Rh

Quando uma mulher Rh^- tem um filho com um homem Rh^+, há duas possibilidades, dependendo de o homem ser homozigoto ou heterozigoto. No primeiro caso, todos os filhos do casal serão Rh^+; no segundo, podem nascer filhos Rh^+ e Rh^-. Observe o esquema abaixo.

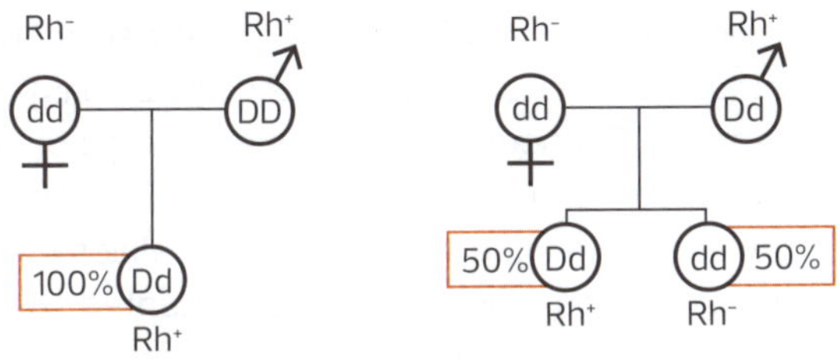

A **eritroblastose fetal** ou **doença hemolítica do recém-nascido** (**DHRN**) pode ocorrer apenas em filhos de mãe Rh^-. Se o filho for Rh^-, terá o mesmo padrão da mãe e não haverá incompatibilidade entre eles. Se for Rh^+, alguns dias antes do nascimento e principalmente durante o parto uma parte do sangue do feto escapa para o organismo materno, que é estimulado a produzir anticorpo anti-Rh. Como a produção não é imediata, esse primeiro filho nascerá livre de problemas (figura 4.4). Em uma segunda gestação, os anticorpos maternos, já concentrados no sangue, atravessam a placenta e podem provocar aglutinação das hemácias do feto, que serão fagocitadas e destruídas. Nesse caso, ao nascer a criança apresenta anemia e icterícia: a hemoglobina da hemácia destruída é transformada em **bilirrubina** (pigmento amarelo), que em quantidade excessiva se deposita nos tecidos e dá coloração amarelada à pele. Além disso, pode se depositar no cérebro da criança e provocar surdez e deficiência mental. A destruição das hemácias do feto e do recém-nascido leva seus órgãos produtores de sangue a lançarem na circulação hemácias ainda jovens — os eritroblastos —, daí o nome da doença.

Nos casos mais graves chega a ocorrer aborto involuntário. Se a criança nascer, poderá ser salva com a troca gradativa de seu sangue por sangue Rh^-. As novas hemácias Rh^- não serão destruídas e, após algum tempo, quando forem substituídas naturalmente por hemácias Rh^+ da própria criança, os anticorpos anti-Rh da mãe que passaram para a criança já terão sido eliminados.

Para prevenir a eritroblastose fetal, até três dias após o parto da primeira criança Rh^+ (ou um pouco antes) a mãe Rh^- deve receber uma aplicação de anticorpos anti-Rh. Provenientes do plasma de pessoas Rh^- sensibilizadas, esses anticorpos destroem as hemácias Rh^+ deixadas pelo feto no sangue da mãe, o que impede o desencadeamento da produção de anticorpos maternos.

Com o tempo, esses anticorpos são eliminados. Como o organismo da mulher não "aprendeu" a fabricá-los, não os substitui e ela fica livre para uma nova gravidez. Se, novamente, a criança for Rh^+, não haverá problema, pois será como se fosse o primeiro filho. No en-

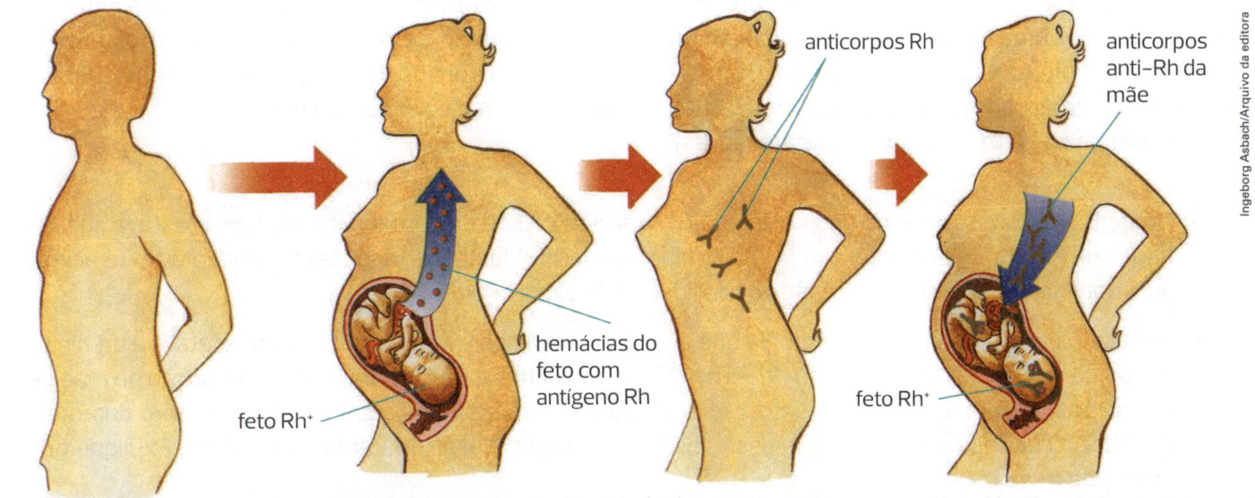

homem Rh^+ (DD ou Dd) | Mulher Rh^- (dd) tem um primeiro filho Rh^+ (Dd) do homem Rh^+; as hemácias do filho induzem a produção de anticorpos anti-Rh pela mãe. | Na segunda gravidez, anticorpos da mãe destroem hemácias do filho.

4.4 Condições para o aparecimento de eritroblastose fetal. Se a mãe receber uma injeção de anticorpos anti-Rh após o parto, ela não fabrica anti-Rh e, na segunda gravidez, o filho nasce normal.

tanto, o tratamento tem de ser repetido para prevenir acidentes na gravidez seguinte, pois durante o parto a criança, sendo positiva, pode lançar hemácias com antígenos no sangue materno.

Quando a mãe é Rh^+ e o filho é Rh^-, não há problemas para a mãe, uma vez que a produção de anticorpos pela criança só ocorre cerca de 6 meses após o nascimento.

Como a maioria dos anticorpos anti-A e anti-B da mãe não atravessa a placenta, uma incompatibilidade ABO entre a mãe e o feto não causa problemas.

Aprofunde seus conhecimentos

A origem dos aglutinogênios

Os aglutinogênios **A** e **B** são produzidos a partir do antígeno **H**, glicídio existente na superfície das hemácias e produzido pelo alelo **H** com herança independente dos alelos I^A, I^B e **i**.

Esse antígeno é transformado em aglutinogênio **A** por uma enzima produzida a partir do alelo I^A e em aglutinogênio **B** por uma enzima do alelo I^B. O alelo **i** não produz enzimas e os indivíduos **ii** só têm a substância **H** na hemácia. Portanto, o antígeno **H** é necessário para que uma pessoa tenha antígeno **A** ou antígeno **B**, ou seja, tem de estar presente em pessoas dos grupos **A**, **B** ou **AB**.

Um tipo raro de sangue, de genótipo **hh** e sem o antígeno **H**, foi descoberto em Bombaim (Índia), onde existe 1 caso para cada 10 mil indivíduos. Por não ter substância **H**, o indivíduo **hh** não pode ter os aglutinogênios **A** e **B**, mesmo sendo portador dos alelos I^A e I^B, e suas hemácias aparentam ser do grupo **O**, pois não são aglutinadas por soros com anti-A ou anti-B. Apesar de não ter os antígenos **A** e **B** nas hemácias, o indivíduo **hh** é diferente do indivíduo **O**, pois este possui a substância **H** em suas hemácias, que podem ser aglutinadas por um soro anti-H. O fenótipo correspondente ao genótipo **hh** é chamado de fenótipo Bombaim, falso zero ou O_h.

Um indivíduo falso zero pode ter os alelos I^A ou I^B e transmiti-los aos seus descendentes, que poderão manifestar esses fenótipos se possuírem um alelo **H**.

Aplique seus conhecimentos

Leia o texto abaixo e responda à questão.

Proteção natural contra a eritroblastose fetal

A ocorrência de eritroblastose fetal é inferior à que se devia esperar. Um dos motivos é a proteção natural dada por uma incompatibilidade no sistema ABO. Por exemplo, no caso de uma mãe do grupo O e uma criança do grupo A, quando as hemácias A e Rh+ da criança chegam ao organismo materno, elas são destruídas pelas aglutininas anti-A existentes no plasma da mãe. Essa destruição ocorre antes que o mecanismo de produção de anticorpos anti-Rh seja desenvolvido pelo organismo materno. Por isso a criança nasce sem problemas.

1 Uma mulher com sangue do tipo O, Rh^-, cujo marido é A, Rh^+ e duplamente homozigoto, estava angustiada com o fato de poder ter um primeiro filho com eritroblastose. Ao ler com atenção o texto acima, acalmou-se, pois concluiu que essa possibilidade não existe. Por quê?

2 Um aluno aprendeu na aula de Biologia que uma maneira de se evitar a eritroblastose fetal é a administração de soro com anticorpos anti-Rh em mãe Rh^- logo após o parto, para evitar a produção na mãe de anticorpos anti-Rh. O aluno perguntou ao professor se não seria mais prático injetar o soro durante a gravidez. O professor mostrou que essa aplicação poderia causar um problema no feto. Explique que problema é esse.

3 Você já deve ter ouvido alguém dizer: "Este é meu filho. Ele tem meu sangue correndo nas veias". Sob o ponto de vista genético essa afirmativa está inteiramente errada?

Compreendendo o texto

1 Como podemos definir polialelia? Como surgem vários alelos?

2 Quais são os possíveis genótipos de um coelho selvagem? E de um chinchila?

3 Um coelho selvagem cruzado com uma coelha chinchila resultou em um filho albino. Qual a possibilidade de duzentos filhotes desse casal terem pelo chinchila?

4 Explique o que são antígeno e anticorpo.

5 Dê os aglutinogênios e as aglutininas de cada um dos quatro grupos sanguíneos do sistema ABO. Indique também todos os genótipos possíveis de cada grupo.

6 Qual o perigo de se fazer transfusão de sangue tipo B para uma pessoa do tipo A?

7 Indique o resultado dos cruzamentos entre indivíduos com os seguintes grupos sanguíneos:

a) grupo A (heterozigoto) com grupo B (heterozigoto);

b) grupo AB com O;

c) grupo AB com grupo AB.

8 Uma mulher do grupo A tem um filho O. A paternidade da criança está sendo discutida entre um homem do grupo B e outro do grupo AB. Qual deles certamente não é o pai? Justifique.

9 Indique os possíveis genótipos, os antígenos das hemácias e os anticorpos do plasma das pessoas Rh^+ e Rh^-.

10 O que é eritroblastose fetal? Quando ocorre?

11 Qual é o tratamento de uma criança com eritroblastose? Qual é a prevenção?

12 Uma mulher que nunca recebeu transfusão deu à luz, em uma segunda gravidez, uma criança com eritroblastose fetal. Uma terceira criança nasceu normal. Qual o genótipo da mãe, do pai e dos três filhos em relação ao fator Rh? (Observação: a mulher não recebeu nenhum tratamento preventivo.)

13 Uma mulher Rh^- M casa-se com um homem Rh^+ N, filho de pai Rh^-. Qual a probabilidade de nascer uma criança Rh^+ MN?

Refletindo e concluindo

1 (UFRGS-RS; adaptada) Coelhos podem ter quatro tipos de pelagem: chinchila (Ch), himalaia (Hi), aguti (Ag) e albina (Al), resultantes das combinações de quatro diferentes alelos de um mesmo *loco*. Num experimento, animais com diferentes fenótipos foram cruzados várias vezes. Os resultados, expressos em número de descendentes, constam na tabela a seguir.

Cruzamento	Fenótipos parentais	Fenótipos da progênie			
		Hi	Ch	Ag	Al
1	Ag × Al	12	0	11	0
2	Ag × Hi	0	0	23	0
3	Ag × Ch	0	14	15	0
4	Ag × Ch	6	6	12	0
5	Ch × Ch	9	30	0	0
6	Hi × Al	18	0	0	0

Se o animal progenitor aguti do cruzamento 1 for utilizado para a obtenção de filhotes com o progenitor chinchila do cruzamento 4, que proporção de descendentes poderemos prever?

a) 1 aguti : 1 chinchila

b) 1 aguti : 1 himalaia

c) 9 aguti : 3 himalaia : 3 chinchila : 1 albino

d) 2 aguti : 1 chinchila : 1 himalaia

e) 3 aguti : 1 chinchila

2 (UFMG) Nas situações em que vítimas de acidentes necessitam de transfusão de sangue, sem que se conheça o tipo sanguíneo de cada uma delas, é recomendável utilizar-se o tipo "O negativo". É correto afirmar que, nesse caso, tal tipo sanguíneo é o mais adequado porque nas hemácias do doador estão:

a) presentes os antígenos correspondentes aos anticorpos do receptor.

b) ausentes os anticorpos correspondentes aos antígenos do receptor.

c) ausentes os antígenos correspondentes aos anticorpos do receptor.

d) presentes os anticorpos correspondentes aos antígenos do receptor.

3 (Unir-RO) Um homem sofreu um grave acidente na BR-364 quando viajava de Cuiabá/MT para Porto Velho/RO. Ao ser hospitalizado, necessitou de transfusão sanguínea. Admita que o hospital, naquele momento, dispunha somente dos seguintes grupos sanguíneos: A Rh positivo, A Rh negativo, B Rh negativo e O Rh negativo, e que o homem pertencia ao grupo B Rh positivo. Dos grupos sanguíneos disponíveis, quais o acidentado poderia receber?

a) A Rh positivo e B Rh negativo
b) B Rh negativo e O Rh negativo
c) O Rh negativo e A Rh negativo
d) B Rh negativo e A Rh negativo
e) A Rh positivo, B Rh negativo e O Rh negativo

4 (UEPB) Dois pacientes em um hospital têm as seguintes características de sangue:

Paciente 1: apresenta tanto anticorpos anti-A como anti-B no sangue.

Paciente 2: não apresenta anticorpos anti-A nem anti-B no sangue.

Pode-se afirmar que:

a) o paciente 2 é do tipo doador universal.
b) o paciente 1 pode receber sangue do paciente 2.
c) o paciente 1 só pode receber sangue A.
d) o paciente 2 só pode receber sangue AB.
e) o paciente 2 pode receber sangue A, B, AB ou O.

5 (PUC-PR) Num laboratório foram realizados em cinco indivíduos exames de sangue para a determinação da tipagem sanguínea dos sistemas ABO e Rh. Foram obtidas reações com a aplicação dos reagentes anti-A, anti-B e anti-Rh. Os resultados obtidos foram:

Indivíduo	Soro anti-A	Soro anti-B	Soro anti-Rh
1	aglutinou	não aglutinou	não aglutinou
2	aglutinou	aglutinou	aglutinou
3	não aglutinou	aglutinou	não aglutinou
4	não aglutinou	não aglutinou	não aglutinou
5	aglutinou	aglutinou	não aglutinou

Com base no quadro, conclui-se que são classificados, respectivamente, como receptor e doador universal:

a) 4 e 2.
b) 4 e 3.
c) 1 e 5.
d) 2 e 4.
e) 5 e 1.

6 (Mack-SP) Um indivíduo de sangue tipo B, Rh^+, filho de pai O, Rh^-, casa-se com uma mulher de sangue tipo A, Rh^+, que teve eritroblastose fetal ao nascer e é filha de pai do tipo O. A probabilidade de esse casal ter uma criança que possa doar sangue para o pai é de:

a) 1/2.
b) 1/4.
c) 3/4.
d) zero.
e) 1.

7 (Cesgranrio-RJ) Em coelhos, conhecem-se alelos para a cor de pelo: **C** (selvagem), $\mathbf{c^{ch}}$ (chinchila), $\mathbf{c^{h}}$ (himalaia) e $\mathbf{c^{a}}$ (albino). A ordem de dominância de um gene sobre outro ou outros é a mesma em que foram citados. Cruzando-se dois coelhos várias vezes, foram obtidas várias ninhadas. Ao final de alguns anos, a soma dos descendentes deu 78 coelhos himalaias e 82 coelhos albinos. Quais os genótipos dos coelhos cruzantes?

a) $c^{ch} \times c^{ch}c^{a}$
b) $CC \times c^{a}c^{a}$
c) $c^{ch}c^{a} \times c^{a}c^{a}$
d) $c^{h}c^{a} \times c^{a}c^{a}$
e) $c^{ch}c^{h} \times c^{a}c^{a}$

8 (Vunesp-SP) Márcia desconhecia qual era seu fator Rh, embora soubesse que não poderia receber transfusão de sangue Rh positivo; sabia, ainda, que um de seus irmãos, ao nascer, havia apresentado eritroblastose fetal e que seu pai era Rh positivo, filho de mãe Rh negativo. Com base nessas informações, pode-se admitir que, em termos do fator sanguíneo Rh, Márcia:

a) pertence ao mesmo grupo da mãe, embora ela seja homozigota e sua mãe, heterozigota.
b) é necessariamente homozigota, a exemplo do que acontece com o genótipo de seu pai.
c) poderia receber transfusão sanguínea de seu pai, mas nunca poderia recebê-la de sua mãe.
d) pertence a um grupo diferente de seu pai; no entanto, apresenta genótipo e fenótipo iguais aos de sua mãe.
e) é necessariamente heterozigota, a exemplo do que acontece com o genótipo de sua mãe.

9 (PUC-RS) Uma mulher com sangue do tipo $A/Rh^+/MM$ é casada com um homem com tipo sanguíneo $B/Rh^+/NN$. Qual das alternativas abaixo indica o tipo sanguíneo de uma criança que não poderia ter sido gerada por esse casal?

a) $A/Rh^+/NN$
b) $A/Rh^-/MN$
c) $AB/Rh^-/MN$
d) $O/Rh^+/MN$
e) $O/Rh^-/MN$

10 (UPE) Tem-se como estatisticamente comprovado que grande número de abortos se deve a uma incompatibilidade sanguínea materno-fetal, condicionada por uma determinação genética. Em tais casos, os possíveis genótipos do pai e da mãe são, respectivamente:

a) $I^BI^BRhRh \times I^AI^Arhrh$.
b) $iirhrh \times I^AI^Arhrh$.
c) $I^AI^Arhrh \times iirhrh$.
d) $I^BI^Brhrh \times iiRhRh$.
e) $I^BI^BRhRh \times I^BI^BRhRh$.

11 (Unip-SP) Na genealogia a seguir aparecem os grupos sanguíneos do sistema ABO. Qual é a probabilidade de 6 ser heterozigoto?

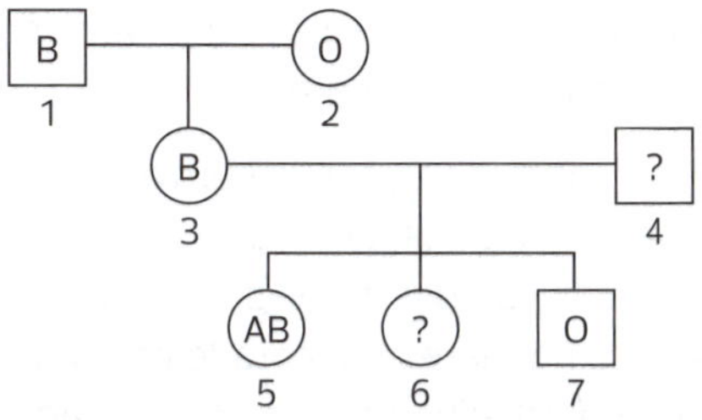

a) 25%
b) 33%
c) 50%
d) 66%
e) 75%

12 (PUC-RS) Antônio, que pertence ao grupo sanguíneo B, casa-se com Renata, que é do grupo A. O primeiro filho desse casal apresenta o grupo sanguíneo O. Qual a probabilidade de que o próximo filho desse casal seja do grupo sanguíneo A?

a) 0%
b) 25%
c) 50%
d) 75%
e) 80%

13 (UFV-MG) Após uma primeira gravidez bem-sucedida, uma mãe abortou três vezes. Seu caso foi diagnosticado, em consulta médica, como eritroblastose fetal. Em relação à patologia observada nessa família, assinale a alternativa correta.

a) O pai é Rh positivo.
b) Os abortados certamente eram Rh negativo.
c) A mãe é Rh positivo.
d) A criança é Rh negativo.
e) Esse casal jamais poderá ter outros filhos.

14 (Vunesp-SP) Um casal, em que o marido é do tipo sanguíneo A, tem um filho do grupo O. Quais os possíveis genótipos dos pais?

a) Pai I^AI^A e mãe I^Ai ou I^Bi ou ii.
b) Pai I^Ai e mãe I^Ai ou I^Bi ou ii.
c) Pai I^Ai e mãe I^Ai ou I^Bi ou I^AI^B.
d) Pai I^AI^A e mãe I^Ai ou I^Bi ou I^AI^B.
e) Pai I^AI^B e mãe I^AI^A ou I^BI^B ou I^AI^B.

15 (Fuvest-SP) Uma mulher do grupo sanguíneo A, cuja mãe era do grupo O, casa-se com um homem doador universal. Os grupos sanguíneos dos prováveis filhos do casal poderão ser:

a) A ou AB.
b) A ou B.
c) apenas A.
d) apenas O.
e) A ou O.

Questões para análise

1 Em um dia nasceram quatro bebês em uma maternidade, cada um filho de um casal. Com base nos grupos sanguíneos dos bebês e dos grupos dos casais de pais, identifique quais os pais de cada bebê.

bebê 1: grupo A	casal I: A e AB
bebê 2: grupo B	casal II: A e O
bebê 3: grupo AB	casal III: AB e O
bebê 4: grupo O	casal IV: O e O

2 (Unirio-RJ) Para verificação da tipagem sanguínea de um homem, foram colocadas 3 gotas dos soros anti-A, anti-B e anti-Rh sobre uma lâmina e em cada uma foi acrescida uma gota do sangue a ser testado. O resultado está representado na figura seguinte:

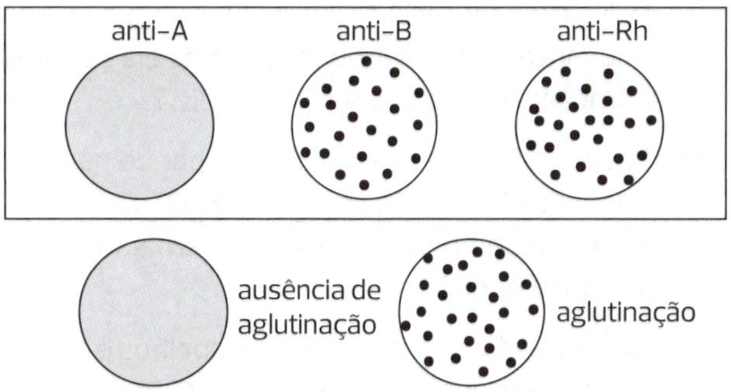

Sabendo que a mãe do referido homem é doadora universal e sua esposa tem sangue AB negativo, pergunta-se:

a) Qual o genótipo do homem para os grupos sanguíneos ABO e Rh?
b) Qual a probabilidade de nascer uma criança A positivo?

3 (Fuvest-SP) Um casal afirma que determinada criança encontrada pela polícia é seu filho desaparecido. Os resultados dos testes para grupos sanguíneos foram:

- suposto pai: Rh^+, A, M;
- suposta mãe: Rh^+, B, N;
- criança: Rh^-, O, MN.

Explique como esses resultados excluem ou não a possibilidade de que a criança em questão seja filha do casal.

4 (UFV-MG) Ao descobrir que seu genótipo era homozigoto, o Sr. Lalau (indivíduo II-1) elaborou o seguinte heredograma sobre a herança de grupos sanguíneos do sistema ABO:

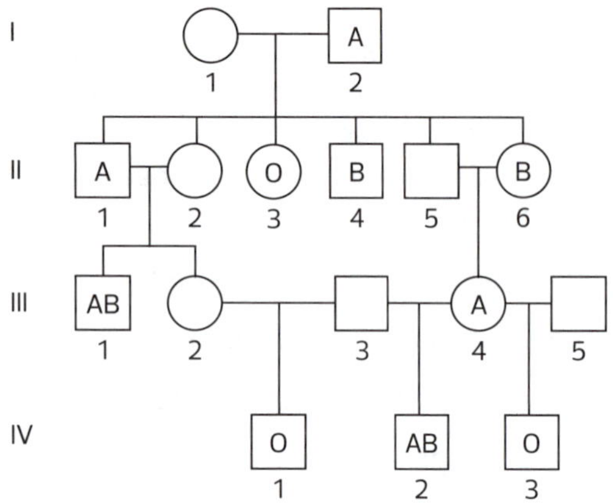

a) Identifique o grupo sanguíneo do indivíduo I-1.
b) Qual o genótipo do indivíduo II-5?
c) O Sr. Lalau poderá ser receptor de sangue de seu genro para transfusão?
d) O indivíduo III-5 não poderá ser de qual grupo sanguíneo?
e) No caso do casal III-3 e III-4 ter uma segunda criança, qual é a probabilidade de ela ser uma menina e do grupo sanguíneo "B"?

5 (Fuvest-SP) O pai e a mãe de um par de gêmeos dizigóticos têm tipo sanguíneo AB. Qual a probabilidade de ambos os gêmeos terem sangue do tipo AB? Por quê?

6 (UFU-MG) A cor da pelagem dos coelhos é determinada por quatro genes alelos: **C** (selvagem), $\mathbf{c^{ch}}$ (chinchila), $\mathbf{c^{h}}$ (himalaia), $\mathbf{c^{a}}$ (albino), que apresentam a seguinte relação de dominância: $C > c^{ch} > c^{h} > c^{a}$. Do cruzamento entre um macho selvagem com uma fêmea himalaia nasceram descendentes selvagens e chinchilas na proporção de 1 : 1. Responda:

a) Quais são os possíveis genótipos do macho e da fêmea em questão?
b) Quantos genes para cor da pelagem podem ser encontrados em um cromossomo da fêmea? Por quê?
c) Quantos genes para cor da pelagem podem ser encontrados no par de cromossomos homólogos do macho?

7 (Unicamp-SP) Com base no heredograma a seguir:

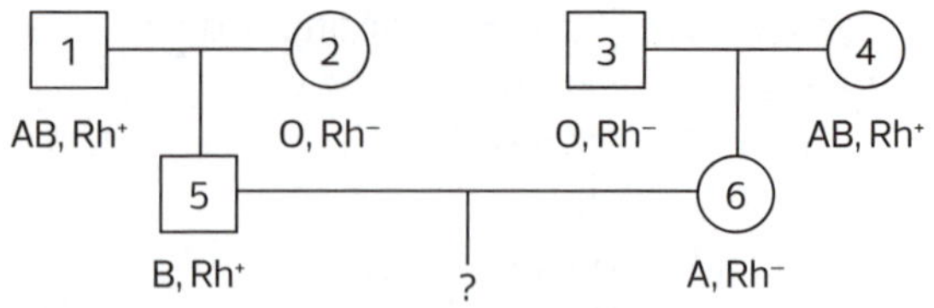

a) Qual a probabilidade de o casal formado por 5 e 6 ter duas crianças com sangue AB, Rh^{+}?
b) Se o casal em questão já tiver uma criança com sangue AB Rh^{+}, qual a probabilidade de ter outra com os mesmos fenótipos sanguíneos?

Observação: indique os passos que você seguiu para chegar às duas respostas.

8 (PUC-SP) Duas mulheres disputam a maternidade de uma criança que, ao nascer, apresentou a doença hemolítica ou eritroblastose fetal. O sangue das duas mulheres foi testado com o uso do soro anti-Rh (anti-D), e os resultados são apresentados abaixo.

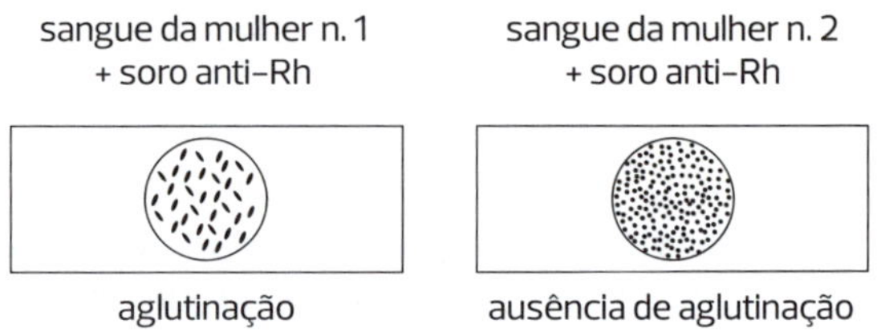

Qual das mulheres poderia ser a verdadeira mãe daquela criança? Justifique sua resposta.

9 (Vunesp-SP) Em coelhos, conhecem-se os seguintes alelos para a cor da pelagem: **C** (selvagem), $\mathbf{c^{ch}}$ (chinchila), $\mathbf{c^{h}}$ (himalaia) e $\mathbf{c^{a}}$ (albino). A relação de dominância entre os quatro alelos dessa série é $C > c^{ch} > c^{h} > c^{a}$. Observe a genealogia.

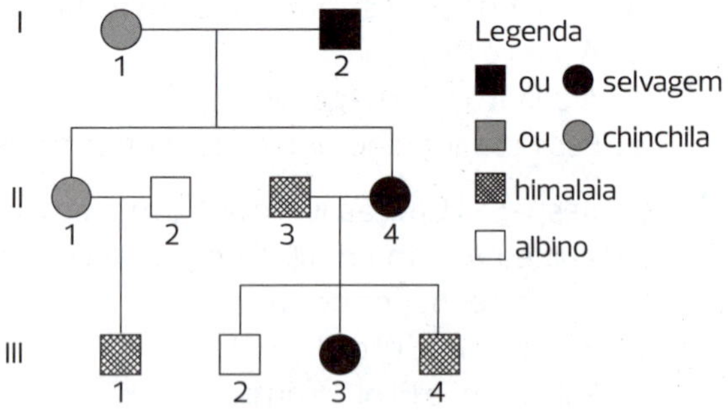

Analisando essa genealogia:

a) Quais são os genótipos dos animais I.1, I.2, II.3 e II.4?
b) Se o coelho III.1 for cruzado com a coelha I.1 e produzirem 12 descendentes, quantos se espera que sejam chinchilas? E himalaias? E albinos?

capítulo 5

Sexo e herança genética

Na maioria das espécies, o sexo é determinado pelos genes. Em geral, esses genes estão situados em cromossomos especiais. Como esses cromossomos possuem também genes para outras características, a transmissão desses caracteres guarda alguma relação com o sexo do indivíduo.

1 Cromossomos sexuais

Na maioria dos vertebrados, em muitos invertebrados e nas plantas com flores em que os sexos são separados, o sexo é determinado pelo sistema XY, no qual as fêmeas apresentam dois cromossomos sexuais idênticos (XX) e os machos um cromossomo idêntico ao das fêmeas e outro diferente (XY). Nos mamíferos o cromossomo Y possui um gene que determina o desenvolvimento dos testículos e, consequentemente, o sexo masculino do indivíduo.

Como nas células diploides há dois autossomos de cada tipo, podemos representar os machos por 2AXY e as fêmeas por 2AXX (**A** representa um conjunto haploide de autossomos). Na espécie humana, há 44 autossomos e 2 cromossomos sexuais, o que pode ser representado assim: mulher: 46, XX; homem: 46, XY. Como sabemos, o processo de divisão celular que origina os gametas é a meiose. Assim, metade dos espermatozoides do macho possui o cromossomo X e a outra metade o cromossomo Y (é heterogamético). Nas fêmeas, todos os óvulos apresentam cromossomo X (são homogaméticas).

O sexo é determinado no momento da fecundação: se o óvulo for fecundado por um espermatozoide X, o embrião formado originará uma fêmea; se por um espermatozoide Y, nascerá um macho. Ou seja, a determinação do sexo depende exclusivamente do espermatozoide. (Reveja a determinação do sexo em outros animais no capítulo 1.)

2 Herança ligada ao sexo

Os cromossomos X e Y possuem pequenas regiões homólogas (pseudoautossômicas) nas extremidades que se emparelham na meiose. Na parte não homóloga do X (a maior) estão situados vários genes que controlam diversas funções no organismo, entre elas a produção de pigmentos nas células da retina, que possibilitam a visão de cores e a produção de uma proteína importante para a coagulação do sangue. Mutações nesses genes podem causar distúrbios, como o daltonismo (dificuldade de percepção de certas cores) e a hemofilia (dificuldade de coagulação do sangue). Veja a figura 5.1.

Science Photo Library/Latinstock

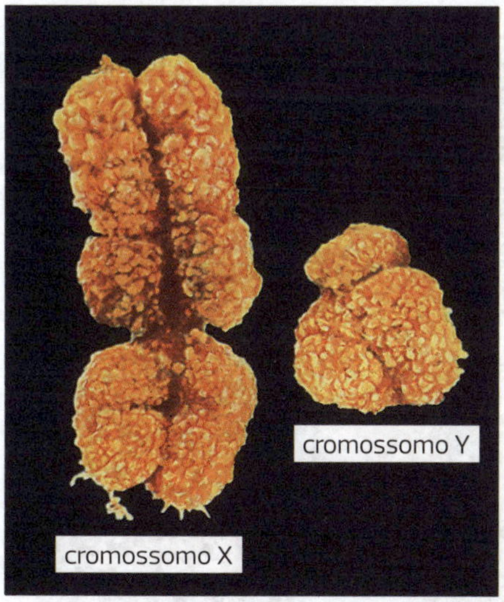

Cromossomos sexuais vistos ao microscópio eletrônico de varredura.

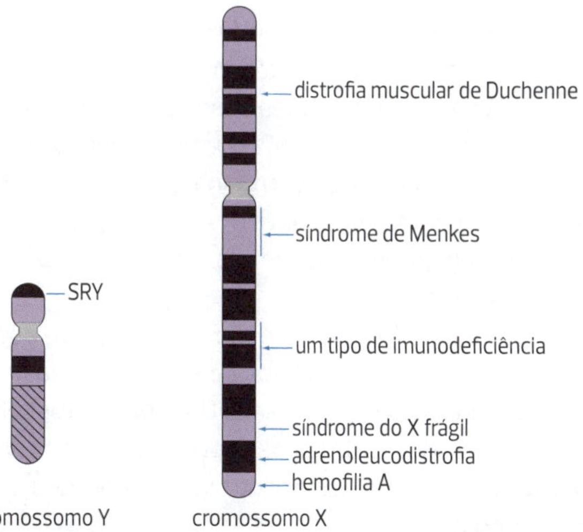

5.1 No cromossomo X estão indicados alguns genes mutantes que causam doenças. O gene SRY no cromossomo Y promove o desenvolvimento de testículos no embrião. Foram identificados 1098 genes no cromossomo X, dos quais 54 têm contrapartida funcional no cromossomo Y.

Os genes situados nessa região especial do cromossomo X são chamados de **genes ligados ao sexo** ou **genes ligados ao cromossomo X**. Esse tipo de herança é chamado de **herança ligada ao sexo** ou **herança ligada ao cromossomo X**. Os alelos desses genes podem aparecer em dose dupla nas mulheres; mas o homem (XY) só apresenta um deles. Por isso a mulher pode ser homozigótica ou heterozigótica para esses alelos; o homem é caracterizado como **hemizigótico**. Assim, se ele possuir um alelo para um caráter recessivo ligado ao sexo (como o daltonismo e a hemofilia), esse caráter poderá manifestar-se. Na mulher esse caráter recessivo só se manifestará quando o alelo estiver em dose dupla. Essa situação acarreta a existência de um número maior de homens que de mulheres com caracteres recessivos ligados ao sexo.

Para entender esse fato convém lembrar que a probabilidade de ocorrerem dois alelos no mesmo indivíduo é o produto das probabilidades desses alelos isoladamente. Por exemplo, se um determinado alelo **a** tem frequência de 10%, esta será a frequência de machos portadores da característica, representados por X^aY (os alelos exclusivos do cromossomo X são representados à direita e acima ou, às vezes, à direita e abaixo do cromossomo). Para apresentar essa característica uma fêmea deve ser X^aX^a: a probabilidade será de $10\% \cdot 10\% = 1\%$.

Daltonismo

O termo *daltonismo* vem do nome do químico inglês John Dalton (1766-1844), que em 1794 publicou um estudo revelando que tinha dificuldade para distinguir certas cores. Esse problema também é conhecido como cegueira parcial para cores.

A visão em cores depende de pigmentos (proteínas) sensíveis à luz presentes em três tipos de células especiais da retina (os cones), cada um com um tipo de pigmento: os que são ativados principalmente pelo comprimento de onda da luz vermelha, os ativados pela luz verde e os ativados pela luz azul. A percepção de determinada cor depende da quantidade relativa de cada tipo de cone ativado.

A dificuldade de percepção de cores pode ocorrer pela falta de um ou mais tipos de cones ou pela menor produção de alguns pigmentos. Um gene autossômico controla a produção de cones azuis, e a produção de cones verdes e vermelhos é controlada por genes no cromossomo X.

Em uma das formas de daltonismo, há dificuldade para distinguir entre certos tons de verde, amarelo e vermelho. Isso pode acontecer por causa de um alelo alterado de um gene do cromossomo X, o que leva à ausência de cones para a cor verde ou à menor produção de pigmentos desse cone (figura 5.2). Essa forma de daltonismo é provocada por um alelo recessivo **d**, ligado ao sexo; seu alelo **D** é responsável pela visão normal.

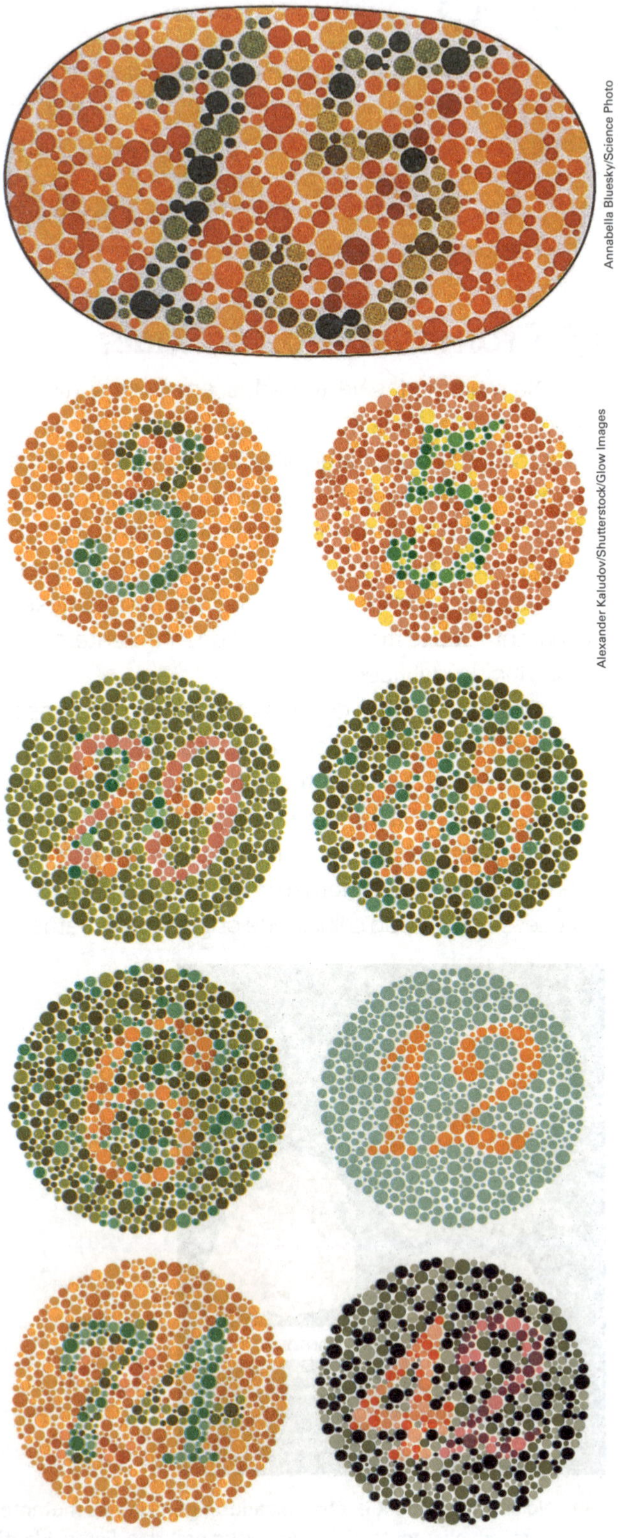

Annabella Bluesky/Science Photo Library/Latinstock

Alexander Kaludov/Shutterstock/Glow Images

5.2 Testes de daltonismo.

Vamos analisar como é a transmissão de um gene ligado ao sexo (exclusivo do cromossomo X).

Considere uma mulher com visão normal, mas portadora de um alelo para daltonismo (genótipo X^DX^d). Imagine que seu marido também apresente percepção normal de cores (genótipo X^DY). A figura 5.3 mostra como poderiam ser os filhos desse casal. Observe que o homem daltônico herda essa característica sempre da mãe e não do pai (que fornece apenas o cromossomo Y).

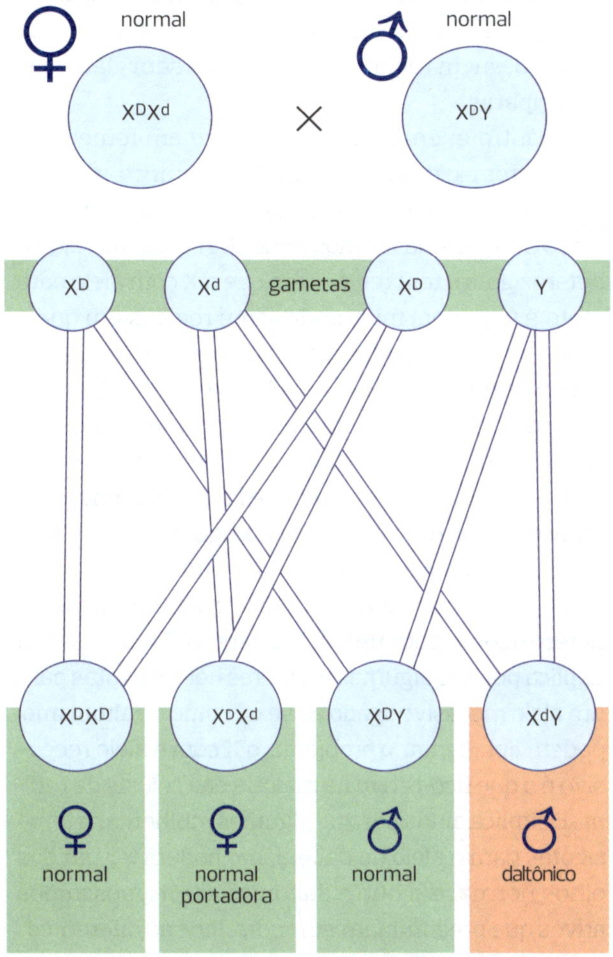

5.3 Exemplo de cruzamento em daltonismo.

Hemofilia

A hemofilia é uma doença genética em que a capacidade de coagulação do sangue é muito reduzida. A demora na coagulação provoca sangramentos prolongados em ferimentos ou hemorragias internas nas articulações e músculos.

Essa doença ocorre por causa da falta de um dos fatores de coagulação presentes no plasma. O tipo mais comum, responsável por cerca de 85% dos casos, é a **hemofilia A**, causada pela deficiência do fator VIII de coagulação. A síntese desse fator é controlada por um gene presente no cromossomo X. O alelo mutante e recessivo provoca a hemofilia pela ausência desse fator. Na **hemofilia B** está ausente o fator IX, também sintetizado por um gene no cromossomo X. Na **hemofilia C** está ausente o fator XI, sintetizado por um gene autossômico. A doença pode ser controlada por meio de injeções com o fator que está ausente no sangue.

A herança da hemofilia A segue o mesmo padrão do daltonismo. A proporção de homens hemofílicos é de cerca de 6 em 10 mil.

Se um homem com hemofilia A (X^hY) se casar com uma mulher não hemofílica (X^HX^H), nenhum dos seus filhos e filhas terá a doença, mas as filhas serão portadoras do alelo para a doença (X^HX^h) e poderão ter filhos hemofílicos, mesmo que se casem com homens não hemofílicos (figura 5.4). Portanto, a hemofilia (e outros caracteres ligados ao sexo) transfere-se de pai para neto por meio da filha.

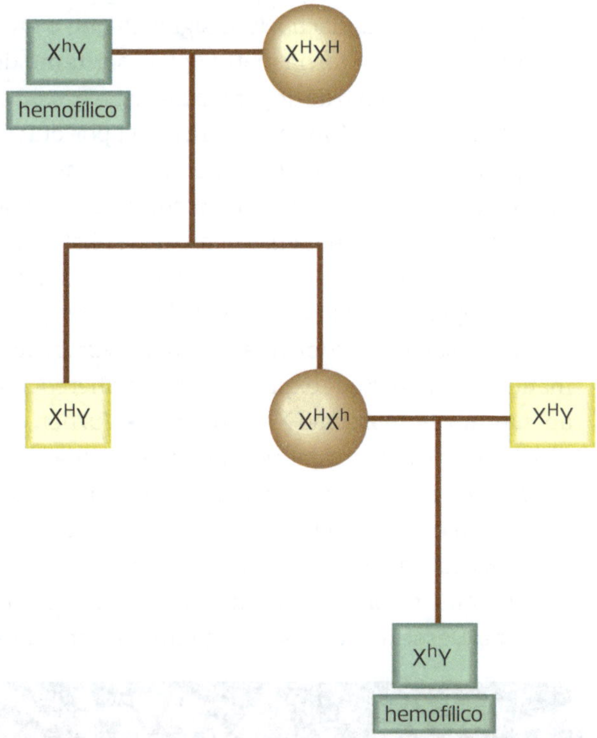

5.4 Hemofilia: exemplo de herança de avô para neto.

As mulheres hemofílicas são muito raras (X^hX^h), pois as uniões capazes de produzi-las têm chance muito pequena de ocorrer. É necessário que um homem hemofílico (X^hY, pouco comum) se case com uma mulher X^HX^h, também pouco comum, para nascerem filhas hemofílicas. As raras mulheres portadoras da anomalia precisam receber tratamento intensivo com fator anti-hemofílico. Há casos em que é necessário inibir o ciclo menstrual com hormônios para evitar a perda de sangue na menstruação.

Aprofunde seus conhecimentos

Mosaico nas fêmeas dos mamíferos

A maior parte dos cromossomos de uma célula que não está em período de divisão permanece na forma de fios longos e finos, de difícil visualização ao microscópio. Isso não ocorre com um dos cromossomos X das células femininas, que aparece condensado, como um corpúsculo corado, chamado de cromatina sexual.

Mary Lyon (1925-), geneticista britânica, elaborou em 1961 a hipótese de que a maior parte dos genes desse cromossomo não está em atividade na célula, ou seja, a cromatina sexual seria um cromossomo X com a maioria dos genes "desligados" ou inativos (hipótese de Lyon). Essa inativação ocorre ao acaso, no início do desenvolvimento do embrião até o 16º dia após a fecundação. Isso significa que o cromossomo X que se torna inativo pode ser tanto de origem paterna como de origem materna.

A hipótese de Lyon foi confirmada por outros pesquisadores e explica por que uma mulher homozigota em relação a genes do cromossomo X não tem, em relação ao homem, o dobro das substâncias produzidas por esses genes. Esse fenômeno é chamado de compensação de dose. No entanto, alguns genes do cromossomo X que forma a cromatina sexual permanecem ativos, o que explica por que mulheres com apenas um cromossomo X (síndrome de *Turner*, estudada no próximo capítulo) apresentam algumas anomalias. Além disso, nas células germinativas a inativação é reversível, de modo que no óvulo nenhum X fica inativo. A inativação pode ocorrer com o cromossomo de origem paterna ou com o de origem materna. Desse modo, o indivíduo terá seu corpo formado por regiões com células com X paterno ativo misturadas a regiões com X materno ativo.

Essa mistura funciona como uma espécie de mosaico, que pode ser constatado em mulheres portadoras de um alelo alterado que não leva à formação de glândulas sudoríparas (displasia ectodérmica anidrótica). As mulheres heterozigotas para esse gene possuem regiões da pele com e sem glândulas sudoríparas.

Outro exemplo desse mosaico em fêmeas de mamíferos é o de gatas malhadas de branco, amarelo e preto (gata calico). Os alelos para amarelo e preto estão situados no cromossomo X. A gata malhada é heterozigota e tem regiões em que o X com alelo para preto é funcional misturadas com regiões em que é funcional o X com alelo para amarelo. O pelo branco depende de um gene autossômico (os machos não podem ter pelo preto e amarelo ao mesmo tempo, pois só possuem um cromossomo X; às vezes, eles podem apresentar duas cores – preto e branco ou amarelo e branco –, mas nunca três). Veja a figura 5.5.

Outra consequência da mistura de tecidos é a variação na intensidade dos distúrbios de mulheres heterozigotas para um alelo alterado. Essa variação explica por que algumas mulheres heterozigotas para um alelo recessivo ligado ao sexo, como o daltonismo, podem apresentar o problema: o X com o alelo recessivo é o que ficou ativo na maioria das células da retina. E explica ainda por que algumas mulheres heterozigotas para o alelo do daltonismo podem ter um dos olhos normal e o outro daltônico: os cromossomos ativos que predominam em cada olho são diferentes.

W. Laye/Easypix

5.5 Gata calico.

3 Outros tipos de herança relacionada ao sexo

Há outros dois tipos de herança relacionada ao sexo: a relacionada aos genes exclusivos do cromossomo Y e aquela relacionada a genes autossômicos cujos efeitos podem ser modificados pelo sexo.

Herança ligada ao cromossomo Y

O cromossomo Y é muito pequeno e apresenta apenas 78 genes, que codificam 23 tipos de proteínas. Um deles, chamado de SRY (do inglês, *sex-determinating region Y*; reveja a figura 5.1), promove a transformação de uma gônada indiferenciada do embrião em testículo. Este produz testosterona, que, em ação com outros hormônios, promove o desenvolvimento dos órgãos genitais masculinos e outras características.

Em certas famílias da Índia, há transferência do pai para seus filhos homens de um aumento da quantidade de pelos nas orelhas. Chamada de **hipertricose auricular**, essa característica foi considerada determinada por um gene do cromossomo Y, que não tem alelo no X. Por isso foi chamada de **holândrica** (*holo* = inteiro; *andro* = homem) ou **restrita ao sexo**. Estudos mais recentes indicam que essa característica é determinada por um gene autossômico, que, praticamente, só se manifesta no homem.

Influência do sexo no efeito de um gene autossômico

O sexo de um indivíduo pode modificar a expressão de um gene. Um exemplo de **caráter influenciado pelo sexo** é a calvície na espécie humana. Esse caráter pode ser consequência de fatores ambientais (certas doenças adquiridas podem levar à queda de cabelo), mas, na maioria das vezes, é hereditário.

Na presença de testosterona, o alelo para calvície se expressa melhor e age como dominante. Na ausência desse hormônio masculino, sua expressão é menos acentuada e ele age como recessivo. Por isso a presença de um alelo para calvície já é suficiente para que o homem seja calvo. Na mulher são necessários dois alelos para que o fenótipo se manifeste.

Alguns genes situados em autossomos, em condições normais, se expressam somente em um dos sexos. Por exemplo, em mamíferos a produção de leite é limitada às fêmeas. Esse tipo de herança é chamado de **herança limitada ao sexo**.

4 Análise de heredogramas

Em uma genealogia, às vezes temos de determinar se o caráter em questão é autossômico ou se tem alguma relação com o sexo. Assim, devemos investigar se o caráter aparece mais em um sexo que no outro.

Se em cada geração a distribuição do caráter for mais ou menos a mesma em ambos os sexos, podemos suspeitar de herança autossômica. Se a herança aparecer em muitos indivíduos masculinos e em nenhum feminino, sendo transferida do pai para os filhos homens, ela provavelmente será holândrica, embora não possamos excluir a possibilidade de genes limitados ao sexo ou influenciados por ele.

Quando a herança afeta um número maior de homens que de mulheres e passa de uma mulher normal (portadora) para o filho, suspeitamos de alelos recessivos ligados ao cromossomo X. Nesse caso, a característica não é transmitida de pai para filho homem (o pai passa para o filho homem o cromossomo Y). Mas ele pode passar para seus netos por meio das suas filhas heterozigotas.

Nas características dominantes ligadas ao sexo, há mais mulheres afetadas que homens. O que também permite distinguir essa característica de uma autossômica é que um homem afetado não tem nenhum filho afetado, mas todas as suas filhas apresentarão a característica.

Observe o heredograma abaixo. Teoricamente, a característica indicada com cor negra poderia ser uma herança autossômica recessiva, pois os indivíduos 1 e 2, normais, originaram o indivíduo 6, afetado. No entanto, ela só está presente em indivíduos do sexo masculino, o que é uma evidência de que se trata de herança ligada ao sexo (exclusiva do cromossomo X) e recessiva.

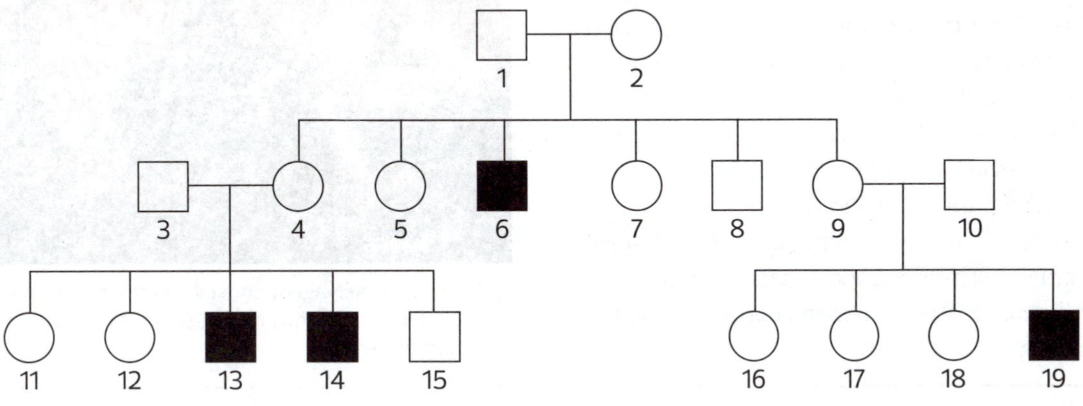

5 Problemas resolvidos

Vejamos a resolução de alguns problemas de herança ligada ao sexo.

a) Uma mulher com visão normal, filha de pai daltônico, casa-se com um homem de visão normal. Qual a chance de nascer uma criança daltônica? E um menino daltônico? Se o casal já tem um menino, qual a chance de ele ser daltônico?

O homem com visão normal é $\mathbf{X^DY}$. Como a mulher com visão normal é filha de pai daltônico (X^dY), ela recebeu o $\mathbf{X^d}$ do pai e é X^DX^d. Os filhos serão:

	X^D	Y
X^D	X^DX^D	X^DY
X^d	X^DX^d	X^dY

Pelo quadro vemos que a chance de nascer uma criança daltônica é de 1/4. A chance de nascer um menino daltônico também é de 1/4. Observe que, entre os meninos, a chance de ser daltônico é de 1/2, mas o casal pode ter um menino ou uma menina. Como o casal tem 50% de chance de ter um menino, a probabilidade de ser daltônico e menino é de $1/2 \cdot 1/2 = 1/4$. Se já tiver nascido um menino, não precisamos considerar a probabilidade de nascer uma menina. Nesse caso, a probabilidade de o menino que já nasceu ser daltônico é de 1/2. Se tivéssemos perguntado qual a chance de um menino ser daltônico, a resposta também seria 1/2.

b) Algumas pessoas possuem na hemácia o antígeno X^g e outras não. Esse antígeno é codificado por um alelo dominante ($\mathbf{X^{g+}}$) ligado ao cromossomo X. O alelo recessivo ($\mathbf{X^g}$) não produz o antígeno. Como serão os filhos de um homem portador do antígeno com uma mulher não portadora?

O homem portador é $X^{g+}Y$ e a mulher não portadora é X^gX^g. Os filhos do casal serão X^gY – todos os homens não portadores – e $X^{g+}X^g$ – todas as mulheres portadoras.

c) Um homem não calvo casa-se com uma mulher calva. Como serão seus filhos e filhas?

Vamos chamar de **C** o alelo para a calvície e de **c** o alelo para a não calvície. Um homem calvo pode ser **CC** ou **Cc**; um não calvo, **cc**. Uma mulher calva será **CC**; uma não calva, **Cc** ou **cc**. Assim:

Portanto, todos os homens serão calvos e nenhuma mulher será calva.

Biologia e história

Morgan e a herança ligada ao sexo

Em seus estudos com drosófilas, Thomas Morgan cruzou um macho de olhos mutantes brancos com uma fêmea selvagem de olhos vermelhos e obteve 100% dos filhotes, machos e fêmeas, com olhos vermelhos. Ao analisar a segunda geração – resultante do cruzamento de um macho e uma fêmea da geração obtida do primeiro cruzamento –, Morgan obteve machos de olhos brancos e de olhos vermelhos na mesma proporção. No entanto, não apareceram fêmeas de olhos brancos.

Morgan concluiu, então, que o gene para a cor dos olhos devia estar situado no cromossomo X. Como o alelo para vermelho é dominante e o alelo para branco é recessivo, as fêmeas de olhos brancos só podem se formar quando cruzamos machos de olhos brancos (X^bY) com fêmeas portadoras de pelo menos um gene **b** (X^BX^b).

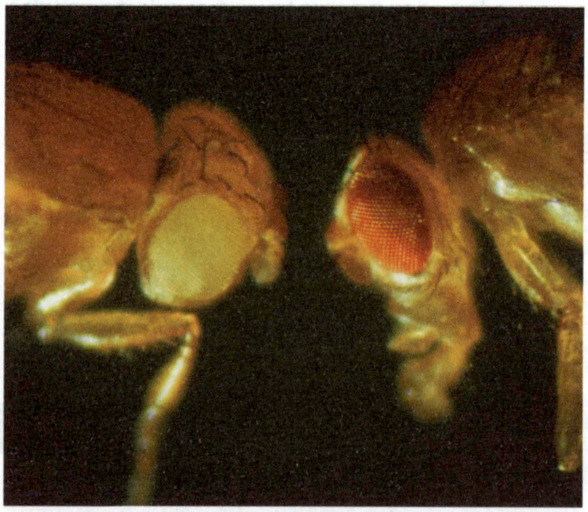

Dr. Jeremy Burgess/Science Photo Library

5.6 **Drosófila selvagem, com olho vermelho, e drosófila mutante com olho branco (as moscas têm 2 a 3 mm de comprimento).**

Biologia e tecnologia

Problemas genéticos e escolha do sexo

Embora o cromossomo X tenha somente 4% de todos os genes humanos, já foram identificadas nele muitas alterações genéticas que provocam doenças.

Uma das causas de retardo mental transmitido geneticamente é a síndrome do X frágil, descoberta em 1991, cuja causa é uma mutação do gene FMR-1 (*fragile X mental retardation 1*), presente no cromossomo X. Essa mutação impede a produção de uma proteína, o que leva à deficiência intelectual em graus variados. O nome da síndrome deve-se à presença de uma região frágil do braço maior do cromossomo X. Sua incidência é maior nos homens: 1 em cada 1 500; nas mulheres, acomete 1 em cada 2 500.

O alelo normal apresenta até 50 repetições da sequência de nucleotídeos citosina, guanina e guanina (CGG), nessa ordem. No alelo mutante há grande número dessa sequência repetida. Algumas pessoas com a síndrome apresentam de 55 a 230 repetições e, em geral, não apresentam sintomas ou apresentam poucos. Outras têm mais de 230 repetições, que podem chegar a 800, e apresentam sintomas com severidade maior. Embora não haja cura, uma educação apropriada, fisioterapia e apoio psicológico melhoram o desempenho e a qualidade de vida do paciente.

O diagnóstico dessa e de algumas outras doenças genéticas pode ser feito com testes de DNA, mas é preciso uma cuidadosa avaliação médica para saber se o teste é, de fato, necessário e para se tomar uma decisão fundamentada. Em geral, o teste é indicado apenas quando há um histórico da doença na família.

O Conselho Federal de Medicina proíbe o uso de técnicas de reprodução assistida, utilizadas por alguns casais com dificuldade para engravidar, com o objetivo de selecionar o sexo ou qualquer outra característica biológica do futuro filho, mas permite que o médico use essas técnicas para evitar doenças hereditárias relacionadas ao sexo, por exemplo, retirando óvulos, fertilizando-os e removendo uma célula de cada embrião, com cerca de três dias e oito células, para exame genético.

No entanto, é preciso lembrar que as técnicas de reprodução assistida são caras, nem sempre são bem-sucedidas e aumentam o risco de complicações. E em relação a essas técnicas e ao exame de embriões entram em cena também questões éticas e valores culturais e religiosos.

Aplique seus conhecimentos

Leia o texto abaixo e responda às questões.

A herança materna

No DNA das mitocôndrias há alguns genes que não estão presentes no núcleo da célula (são exclusivos das mitocôndrias). Como na formação da célula-ovo o espermatozoide contribui apenas com o núcleo, as mitocôndrias do embrião são todas de origem materna, vindas do óvulo. À medida que o zigoto se divide, as mitocôndrias também se dividem e passam para todas as células do embrião.

O DNA da mitocôndria está sujeito a mutações, que podem provocar doenças no organismo. Essas doenças são de origem exclusivamente materna. Como a mitocôndria é responsável pela produção de energia na respiração aeróbia, esses problemas costumam afetar mais as células nervosas e musculares, que consomem grande quantidade de energia.

Dependendo da etapa do metabolismo afetada, pode haver falta de coordenação motora, demência, fraqueza muscular, problemas cardíacos, entre outros problemas com gravidade variável.

1 Um homem possui em seu DNA mitocondrial um gene que causa uma doença grave. Seus filhos ou suas filhas têm probabilidade de herdar a doença desse homem? Justifique sua resposta.

2 Suponha que uma mulher seja portadora do gene em questão. Nesse caso, quem tem maior probabilidade de herdar a doença: seus filhos ou suas filhas?

Compreendendo o texto

1 Por que afirmamos que os homens são hemizigotos em relação aos genes ligados ao sexo?

2 Por que um homem herda sempre da mãe os genes ligados ao sexo?

3 Explique o que são daltonismo e hemofilia.

4 Como podem ser os próximos filhos de uma mulher não hemofílica casada com um homem também não hemofílico e que já teve um filho hemofílico?

5 Uma mulher com visão normal, cujo pai é daltônico, casa-se com um homem daltônico. Qual a probabilidade de ela ter uma criança daltônica?

6 Qual a probabilidade de o casal apresentado na questão 5 ter um filho homem daltônico?

7 Por que as mulheres daltônicas são raras na população?

8 Como se explica o fato de certos caracteres passarem do pai para as filhas e da mãe para os filhos?

Atividade em grupo

Formem grupos e escolham um dos temas abaixo para pesquisar.

a) Os experimentos de Mendel: razões do sucesso, uso da Estatística, técnicas de fecundação cruzada, etc.

b) Exemplos de doenças genéticas: em que cromossomos estão localizadas, quais seus sintomas, se são dominantes ou recessivas, frequência na população, como são feitos o diagnóstico e o tratamento, etc.
Sugestões: fibrose cística, doença de Huntington, acondroplasia, galactosemia, doença de Tay-Sachs, distrofia muscular de Duchenne.

c) Requisitos para que uma pessoa possa doar sangue (idade, peso, histórico de doenças, etc.). Elaborem uma campanha, com folhetos, etc., para estimular a doação de sangue.

Refletindo e concluindo

1 (PUC-MG) A hemofilia é um distúrbio genético humano, que se caracteriza pela falta de um dos fatores de coagulação sanguínea. O gene que codifica para a produção desse fator está localizado no cromossomo X em uma região que não apresenta homologia em Y. O heredograma a seguir indica, na segunda e terceira gerações, três famílias (**A**, **B** e **C**) que apresentam, em comum, um progenitor afetado por essa anomalia.

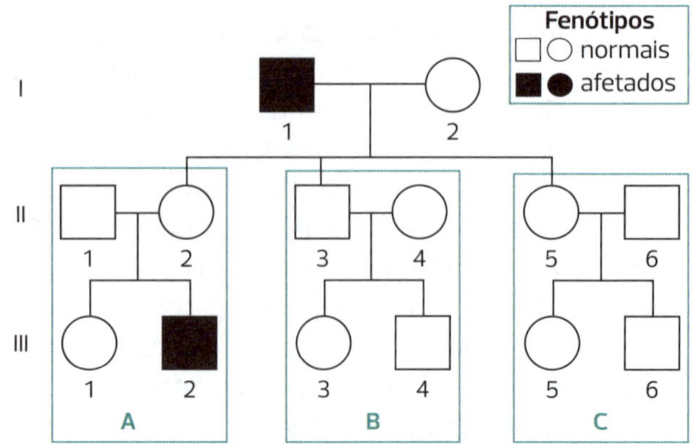

Analisando o heredograma, é correto afirmar, exceto:

a) Na família **A**, pelo menos dois indivíduos apresentam o gene causador de hemofilia.

b) Não existem indivíduos portadores do gene da hemofilia na família **B**.

c) Na família **C**, pelo menos um indivíduo apresenta o gene causador de hemofilia.

d) A chance de o casal II-5 × II-6 ter uma criança afetada por esse caráter é de 1/4.

2 (UFJF-MG) Um homem possui uma anomalia dominante ligada ao cromossomo X e é casado com uma mulher normal. Em relação aos descendentes desse casal é correto afirmar que:

a) essa anomalia será transmitida a todos os filhos do sexo masculino.

b) essa anomalia será transmitida à metade dos filhos do sexo masculino.

c) essa anomalia será transmitida a todas as filhas.

d) essa anomalia será transmitida à metade das filhas.

e) essa anomalia não será transmitida a nenhum descendente.

3 (Fuvest-SP) No heredograma a seguir, os quadrados cheios representam meninos afetados por uma doença genética. Se a doença for condicionada por um par de alelos recessivos localizados em cromossomos autossômicos, as probabilidades de o pai (**A**) e de a mãe (**B**) do menino (**C**) serem portadores desse alelo são, respectivamente, (I) e (II). Caso a anomalia seja condicionada por um alelo recessivo ligado ao cromossomo X, num segmento sem homologia com o cromossomo Y, as probabilidades de o pai e de a mãe serem portadores desse alelo são, respec-

tivamente, (III) e (IV). Assinale a alternativa que mostra as porcentagens que preenchem corretamente os espaços I, II, III e IV.

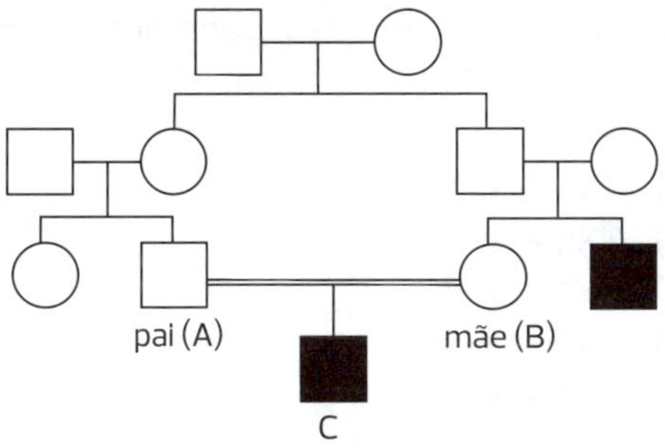

	I	II	III	IV
a)	50%	50%	100%	0%
b)	100%	100%	100%	0%
c)	100%	100%	0%	100%
d)	50%	50%	0%	100%
e)	100%	100%	50%	50%

4 (UFU-MG) Observe a genealogia abaixo sobre uma família que apresenta pessoas afetadas por uma anomalia hereditária.

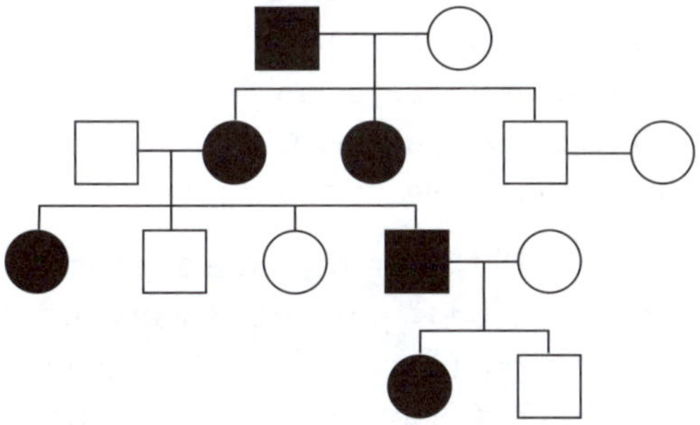

● mulher afetada ○ mulher normal

■ homem afetado □ homem normal

A anomalia em questão é transmitida por meio de um gene:

a) recessivo ligado ao cromossomo X.
b) autossômico recessivo.
c) dominante ligado ao cromossomo X.
d) autossômico dominante.

5 (PUC-RJ) Analise o seguinte heredograma de uma característica transmitida geneticamente:

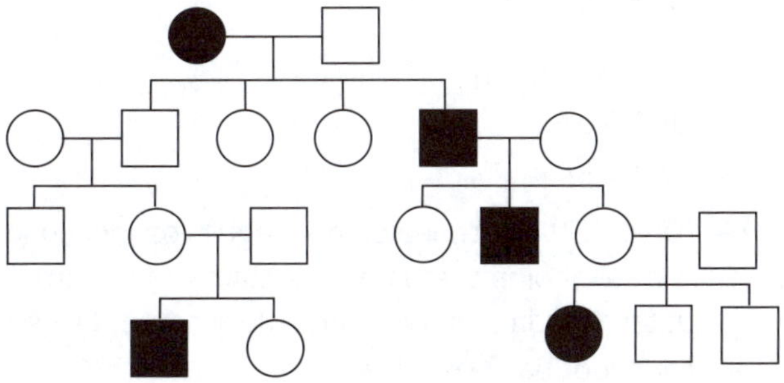

Legenda: □ ○ indivíduos sem a manifestação da característica

■ ● indivíduos com a manifestação da característica

Com base nessa análise, indique a opção que apresenta a afirmativa correta sobre a herança da característica referida no heredograma.

a) É do tipo recessiva autossômica porque o genótipo pode estar presente na prole de ambos os sexos sem estar presente nos pais.
b) É do tipo dominante autossômica porque o genótipo pode estar presente na prole de ambos os sexos sem estar presente nos pais.
c) É do tipo recessiva autossômica porque o número de indivíduos afetados é menor do que o de não afetados.
d) É do tipo recessiva ligada ao sexo porque todo progenitor masculino afetado transmite a característica para suas filhas.
e) É do tipo dominante ligada ao sexo porque todos os filhos homens herdam a característica da mãe.

6 (UFRGS-RS) Nos gatos domésticos, a cor do pelo é ligada ao cromossomo X. Assim, os machos podem ser pretos ou amarelos e as fêmeas podem ser pretas, amarelas ou malhadas. Quando metade das fêmeas de uma ninhada é malhada, a outra metade é preta, e metade dos machos é amarela, de que cores são os pais?

a) A mãe é malhada e o pai, preto.
b) A mãe é malhada e o pai, amarelo.
c) A mãe é amarela e o pai, preto.
d) A mãe é preta e o pai, amarelo.
e) A mãe e o pai são pretos.

7 (PUC-SP) João é daltônico e casado com Lúcia, cuja visão é normal para as cores. O casal tem dois filhos gêmeos, Paulo e Ricardo, ambos daltônicos. Como o daltonismo deve-se a um gene recessivo (**d**) ligado ao sexo, é correto afirmar que os gêmeos Paulo e Ricardo:

a) são univitelinos e receberam o gene **d** de Lúcia.
b) são univitelinos e receberam o gene **d** de João.
c) podem ou não ser univitelinos e receberam o gene **d** de Lúcia.
d) podem ou não ser univitelinos e receberam o gene **d** de João.
e) são univitelinos e podem ter recebido o gene **d** de João ou de Lúcia.

8 (Fatec-SP) A hemofilia tem herança recessiva ligada ao cromossomo X. Analise o heredograma abaixo.

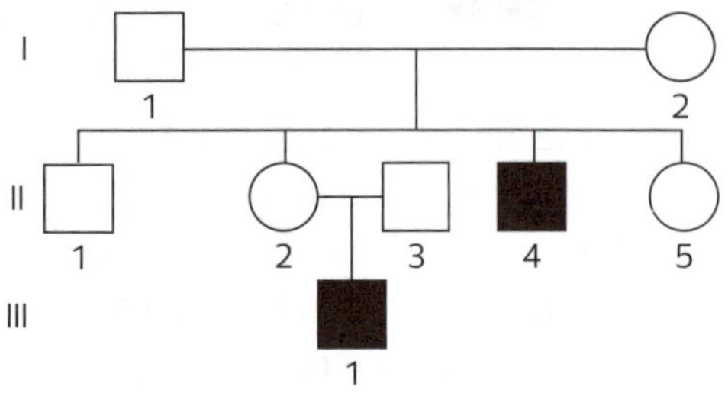

A probabilidade de II-5 ser portadora do alelo que causa a hemofilia é:

a) 3/8.
b) 1/8.
c) 3/4.
d) 1/2.
e) 1/4.

9 (Uece) A geração F_1, resultante do cruzamento hipotético de determinada espécie animal, apresentava cor marrom. Na geração parental, a fêmea era pura e apresentava cor amarela, enquanto os machos, também puros, apresentavam cor marrom. Já na geração F_2, todos os machos apresentavam cor marrom, enquanto as fêmeas apresentavam-se com cor marrom e amarela, na proporção 50% para cada tipo de cor. O cariótipo revelou que as fêmeas apresentavam um cromossomo a menos que os machos. Da análise do problema concluímos que esse tipo de herança é ligada ao sexo, onde os machos e as fêmeas são, respectivamente:

a) XY e YY.
b) XO e XX.
c) ZZ e ZW.
d) ZZ e ZO.

10 (Cesgranrio-RJ) "Tem sido verificado que aproximadamente 25% dos casos de hemofilia A em meninos são decorrentes de mutações novas, isto é, a doença se manifesta em meninos que não têm história familiar de hemofilia." (R. I. Handin, *Blood and practice of Hematology*, 1955.)

Quando nos debruçamos sobre a hemofilia, aprendemos que ela é mais comum nos homens porque:

a) os homens são mais propensos à doença devido à influência do hormônio testosterona.
b) mulheres hemofílicas morrem nos primeiros sangramentos menstruais.
c) mulheres hemofílicas precisam de dois alelos dominantes, ao passo que homens só necessitam de um alelo.
d) é causada por um alelo típico do cromossomo Y, que é masculinizante.
e) sendo uma herança ligada ao sexo, é suficiente nos homens apenas um alelo para que a doença se manifeste.

11 (Unisinos-RS) Uma mulher daltônica, cujo irmão tem visão normal, casou-se com um homem de visão normal. Sabendo que o daltonismo é uma herança ligada ao sexo, podemos estabelecer que os genótipos dos envolvidos são, respectivamente:

a) X^dX^d; X^dY; X^DY.
b) X^dX^d; X^DY; X^DY.
c) X^DX^d; X^dY; X^dY.
d) X^DX^d; X^DY; X^DY.
e) X^dX^d; X^DY; X^dY.

12 (UFPE) Foram analisados dados de famílias nas quais ocorriam casos de uma determinada anomalia e verificou-se que, em todas, os casamentos entre homens afetados e mulheres normais culminavam, sempre, em proles nas quais todas as fêmeas eram afetadas e todos os machos eram normais. De posse desses dados, pode-se concluir que a referida moléstia é condicionada por um alelo:

a) dominante autossômico.
b) autossômico recessivo.
c) dominante ligado ao Y.
d) recessivo ligado ao X.
e) dominante ligado ao X.

13 (Mack-SP) No heredograma a seguir, os indivíduos marcados possuem daltonismo, doença causada por um gene recessivo situado no cromossomo X. São obrigatoriamente heterozigotos os indivíduos:

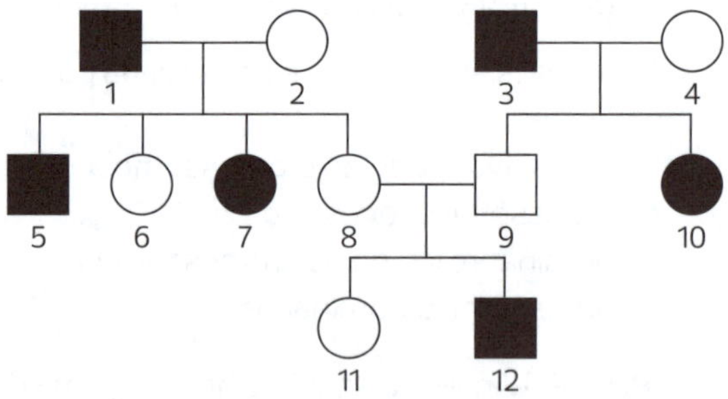

a) 2, 4, 6 e 8.
b) 2, 4 e 11.
c) 2, 4, 6, 8 e 11.
d) 1, 3 e 5.
e) 7 e 10.

14 (Unip-SP) Na genealogia a seguir, os indivíduos com símbolos pretos apresentam uma anomalia determinada por um gene dominante. O gene causador da anomalia é:

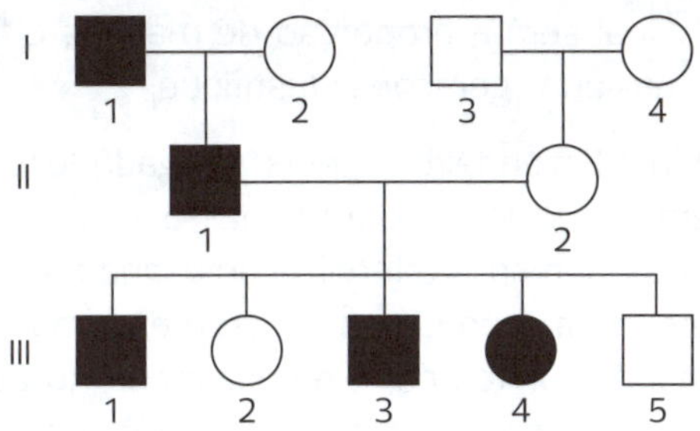

a) holândrico.
b) ligado ao sexo.
c) autossômico.
d) epistático.
e) influenciado pelo sexo.

15 (UFPB) Fazendo um estudo sobre uma determinada doença, observou-se que todos os homens afetados, casados com mulheres normais, tinham filhas sempre afetadas e filhos sempre normais. Esses dados indicam que o tipo de herança envolvido na transmissão da doença é:

a) autossômica recessiva.
b) autossômica dominante.
c) ligada ao sexo, com gene dominante localizado no cromossomo X.
d) ligada ao sexo, com gene localizado no cromossomo Y.
e) ligada ao sexo, com gene recessivo localizado no cromossomo X.

Questões para análise

1 (Uerj) Os conhecimentos atuais de Biologia celular, Biologia molecular e Engenharia genética podem, muitas vezes, estabelecer com segurança o parentesco entre pessoas, mesmo quando elas pertencem a gerações afastadas entre si. O heredograma a seguir mostra os descendentes do casal João e Maria.

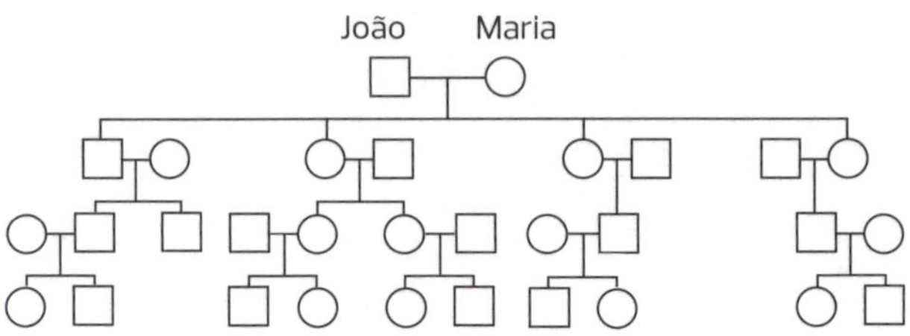

Atualmente, de toda essa família, apenas Maria e todos os seus bisnetos estão vivos, e se apresentaram para a identificação de herdeiros do casal citado. Por não haver documentos legais comprobatórios da relação de parentesco, nem ser possível a coleta de material genético dos membros falecidos da família, foi utilizada, dentre outras, a técnica de identificação por meio do estudo do DNA extranuclear.

Indique o número de:

a) bisnetos do sexo masculino e do sexo feminino que poderiam ser identificados com aproximadamente 100% de certeza por técnicas que determinam a homologia entre amostras de DNA extranuclear e justifique sua resposta;
b) netos e bisnetos de João e Maria que possuíram ou possuem o cromossomo Y idêntico ao de João e justifique sua resposta.

2 (UFRN) Os heredogramas a seguir representam duas famílias com doenças hereditárias distintas. A doença que acomete a família 1 provoca retardamento mental acentuado, enquanto a da família 2 é uma doença degenerativa fatal que aparece em torno dos 40 anos de idade.

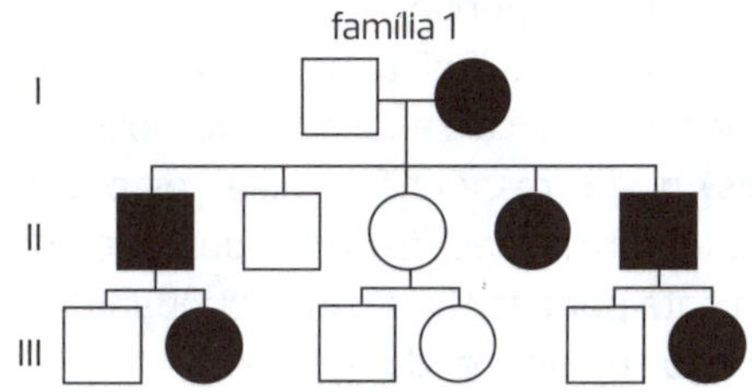

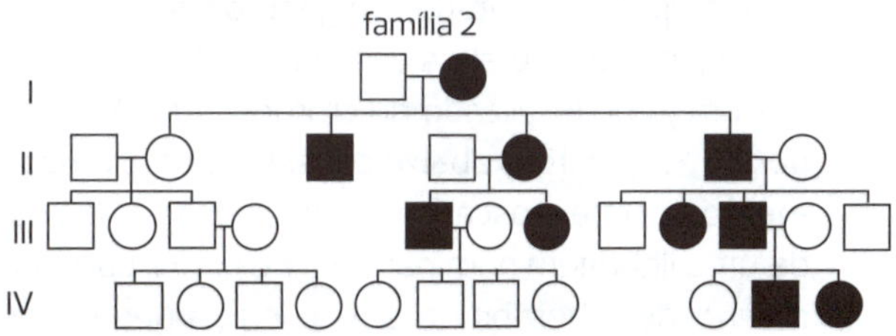

Após analisar os heredogramas, atenda às solicitações a seguir.

a) Quais os tipos de herança envolvidos na transmissão das doenças de cada família? Justifique sua resposta.
b) Considerando que a seleção natural pode eliminar doenças genéticas, explique por que a doença da família 2 ainda poderia ser encontrada em indivíduos da geração VI (netos da geração IV).

3 (UFRJ) Os heredogramas **A**, **B** e **C** a seguir representam três famílias diferentes. Os círculos representam mulheres e os quadrados, homens. Quadrados ou círculos escuros representam indivíduos afetados por uma característica comum na população.

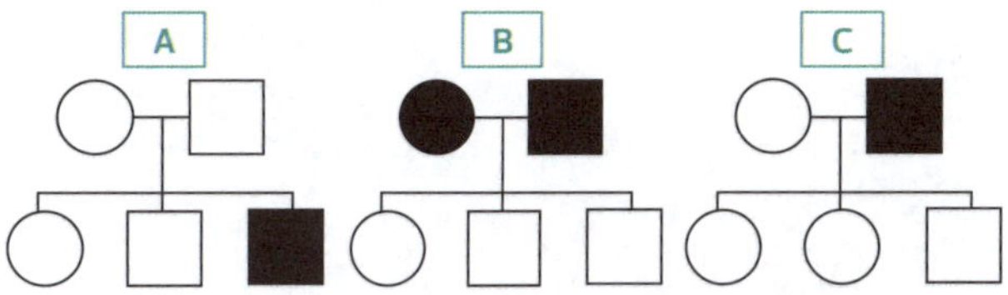

a) Identifique os heredogramas que são compatíveis com uma herança autossômica recessiva. Justifique sua resposta para cada família.
b) Determine se em algum dos casos apresentados existe herança ligada ao cromossomo Y. Justifique.

4 (Fuvest-SP) Um casal de não hemofílicos tem um filho com hemofilia. Responda:
a) Qual é a probabilidade de que uma filha desse casal apresente a doença?
b) Qual é a probabilidade de que outro filho (homem) desse casal seja também hemofílico?

5 (UFRJ) A cor do pelo dos gatos depende de um par de genes alelos situados no cromossomo X. Um deles é responsável pela cor preta e o outro pela cor amarela. Existe um terceiro gene autossômico (não localizado nos cromossomos sexuais) que é responsável pela cor branca. Com essas informações, explique por que o pelo de uma gata pode ter três cores, enquanto o pelo de um gato só pode ter duas cores.

6 (Unicamp-SP; adaptada) No gênero *Drosophila*, a cor vermelha ou branca dos olhos é determinada por um gene localizado no cromossomo X. Responda às questões abaixo considerando o cruzamento de uma mosca fêmea de olhos vermelhos, de uma linhagem pura para cor de olhos, com um macho de olhos brancos, e o cruzamento das moscas de $\mathbf{F_1}$ entre si. Represente como **B** o alelo dominante para olhos vermelhos e como **b** o alelo recessivo para olhos brancos.
a) Qual será a cor dos olhos dos machos e das fêmeas na primeira geração ($\mathbf{F_1}$)? E na segunda ($\mathbf{F_2}$)? Justifique.
b) Qual será a proporção de machos e fêmeas nas duas gerações? Justifique.

7 (UFRJ) Fazendeiros que criam gado leiteiro podem, atualmente, determinar o sexo dos embriões logo após a fertilização usando um *kit* que determina a presença do cromossomo Y. Se o embrião for fêmea, é reimplantado no útero da vaca. Caso contrário, ele é eliminado ou congelado para uso futuro.
a) Para esses fazendeiros, qual a vantagem dessa prévia determinação do sexo dos embriões?
b) Por que o *kit* pesquisa somente a presença do cromossomo Y?

8 (Unicamp-SP) A determinação do sexo em peixes segue o sistema XY, como no ser humano. Um alelo de um lócus do cromossomo Y do peixe *Lebistes* determina a ocorrência de manchas na nadadeira dorsal. Um peixe macho com manchas na nadadeira foi cruzado com uma fêmea sem manchas.
a) Quais são os fenótipos de $\mathbf{F_1}$ e de $\mathbf{F_2}$ desse cruzamento?
b) Como seria o resultado em $\mathbf{F_1}$ e $\mathbf{F_2}$ se o alelo fosse dominante e estivesse no cromossomo X do macho? Demonstre através de um cruzamento.

9 (Fuvest-SP) A hemofilia é uma doença de herança recessiva ligada ao cromossomo X. Um homem que trabalha em uma usina nuclear teve um filho hemofílico. Sua mulher concluiu que a doença do menino foi consequência da radiação que o marido recebeu na época da fecundação. Ela tem ou não razão?

capítulo 6

Alterações cromossômicas

Erros durante a divisão celular podem alterar os cromossomos da célula. Essas alterações (mutações, anomalias ou aberrações) cromossômicas podem ser **numéricas** (no número de cromossomos) ou **estruturais** (na sequência de genes de um cromossomo).

1 Alterações numéricas

Podem ser classificadas em:

- **euploidia** – ocorre quando há redução ou aumento em toda a coleção de cromossomos, com a formação de células **n** (haploidia ou monoploidia), **3n** (triploidia), **4n** (tetraploidia), e assim por diante;
- **aneuploidia** – acontece quando apenas o número de certo tipo de cromossomo sofre alteração para mais ou para menos. Nesse caso, pode haver **trissomia** (três cromossomos de determinado tipo), **monossomia** (um cromossomo apenas) e **nulissomia** (falta um par de homólogos).

Vejamos como essas alterações surgem.

Se uma substância, como a colchicina, interferir na formação do fuso acromático durante a divisão celular, os cromossomos podem duplicar-se sem que haja alinhamento no equador e migração para os polos. Com isso, forma-se uma célula com o dobro do número de cromossomos.

Em outros casos, a ação de substâncias químicas, de vírus ou de radiação pode provocar ruptura apenas em determinadas fibras do fuso acromático ou em determinado centrômero. Se essa ruptura ocorrer em células germinativas, os cromossomos homólogos podem não se separar e deixam de migrar um para cada polo, como normalmente ocorre na meiose (figura 6.1). Chamado de **não disjunção**, esse fenômeno pode ocorrer também na segunda divisão da meiose: as cromátides não se separam e migram ambas para o mesmo polo.

O resultado é a formação de gametas defeituosos, com falta ou excesso de cromossomos, dos quais poderão se formar zigotos com número anormal de cromossomos. Se o embrião se desenvolver, forma-se um indivíduo com número anormal de cromossomos em todas as células e que, em geral, desenvolverá alguma síndrome.

Esse fenômeno pode ocorrer também durante a primeira mitose do zigoto, no decorrer do desenvolvimento embrionário ou na regeneração de tecidos do indivíduo já formado. Nessas situações, o indivíduo apresentará células com padrões diferentes, o que caracteriza o **mosaicismo**, ou seja, tecidos com células normais misturados a outros com células portadoras de padrão cromossômico anormal. Mas os efeitos sobre o organismo costumam ser pequenos.

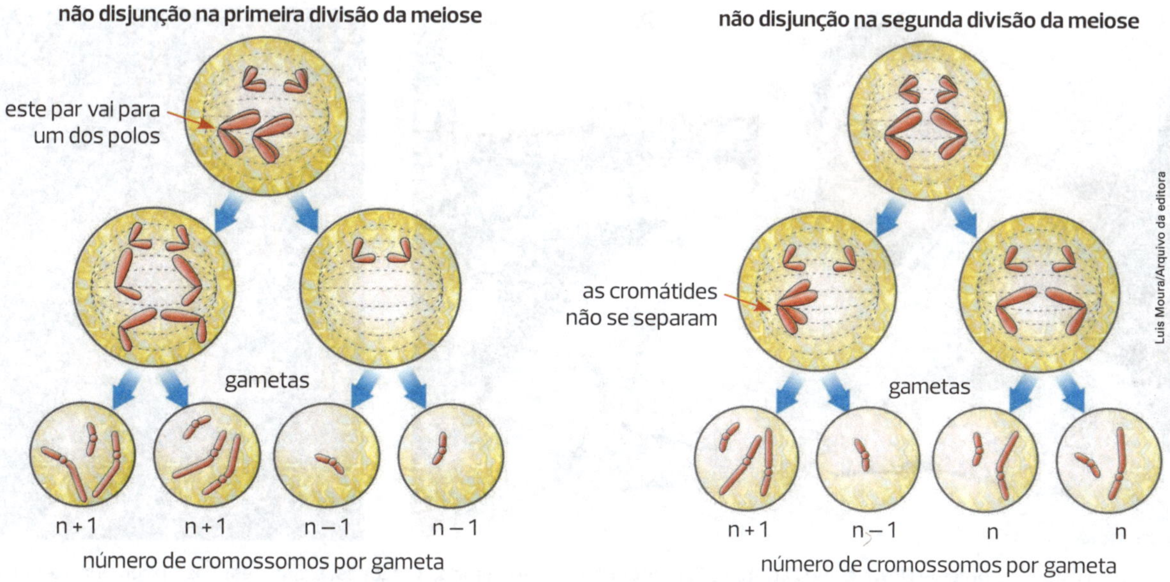

6.1 Esquemas da ocorrência de não disjunção.

Em animais as euploidias são raras e provocam, em geral, um desequilíbrio genético tão grande que leva à morte do embrião. Entre os vegetais há grande número de plantas poliploides. Algumas vezes é difícil distinguir, pelo aspecto, uma planta poliploide; outras, o número maior de cromossomos ocasiona tamanho maior na planta; por isso são mais procuradas para o cultivo que as variedades normais, como acontece com as formas poliploides da maçã, do café, do morango, do trigo e da batata, entre outras.

Síndrome de Down

A **síndrome de Down** afeta um em cada mil recém-nascidos. O termo *Down* vem do nome do médico inglês John Langdom Down (1828-1896), que descreveu esse problema em 1866.

Os portadores dessa síndrome apresentam sinais característicos (figura 6.2), como língua protrusa (para fora da boca), altura abaixo da média, orelhas com implantação baixa, pescoço grosso e adiposo, mãos curtas e largas, com uma única linha palmar, e olhos oblíquos, com uma prega cutânea na pálpebra superior (essa prega foi associada, erroneamente, à prega dos olhos dos orientais; por isso essa anomalia também era chamada de mongolismo, termo hoje abandonado). Além dessas características, eles apresentam deficiência mental, problemas cardíacos e maior risco de infecções e leucemia.

Essa anomalia corresponde a uma trissomia do cromossomo 21 (figura 6.2). O cariótipo dos portadores é representado por 47, XY + 21 (homens) ou 47, XX + 21 (mulheres).

A alteração pode ser descoberta logo no início da gravidez, por meio de técnicas que recolhem células do embrião para depois se fazer o cariótipo, ou após o nascimento. Em 95% dos casos ela acontece por falha na meiose (em geral, na primeira divisão) durante a formação do óvulo. Apenas cerca de 5% se devem a erros na formação do espermatozoide.

A chance de nascer uma criança com síndrome de Down aumenta com a idade da mãe, principalmente depois dos 35 anos.

Embora ainda não exista cura para essa síndrome, a qualidade de vida dos portadores pode melhorar se houver cuidados e estímulos adequados.

Alterações nos cromossomos sexuais

Nas células de uma mulher existe uma mancha mais corada que o resto do núcleo, a cromatina sexual ou corpúsculo de Barr (essa mancha não existe no núcleo das células masculinas). Ela corresponde a um cromossomo X que permanece "enrolado" durante a intérfase; portanto, é um cromossomo formado inteiramente, ou quase, de heterocromatina, com quase todos os seus genes inativos.

Com o exame da cromatina sexual é possível identificar diversas anomalias sexuais, como a síndrome de Turner, a de Klinefelter e a do poli-X.

Síndrome de Turner (figura 6.3). Em geral, resulta de uma não disjunção durante a formação do espermatozoide, e a pessoa afetada é uma mulher com monossomia do cromossomo X. O cariótipo é 45, X (45 cromossomos com falta de um cromossomo X; portanto, não apresenta cromatina sexual). Sua ocorrência está em torno de 1 em 5 mil meninas. A portadora apresenta

Lauren Shear/Science Photo Library

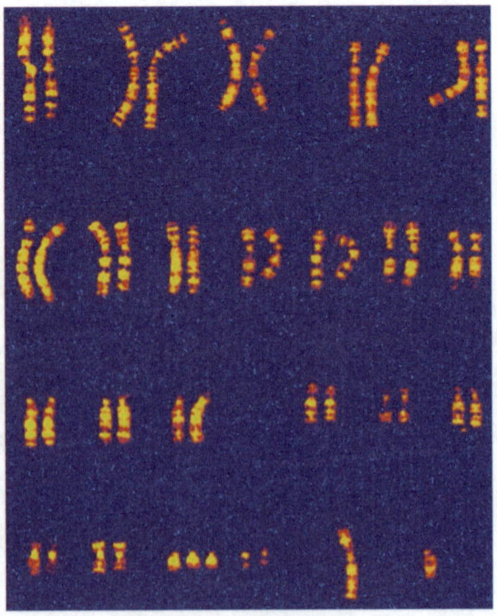

L. Willat, East Anglian Regional Genetics Service/Science Photo Library

6.2 Pessoa com síndrome de Down e seu cariótipo. Com atendimento e cuidados precoces, essas pessoas podem vir a ter uma participação ativa na sociedade e exercer sua cidadania.

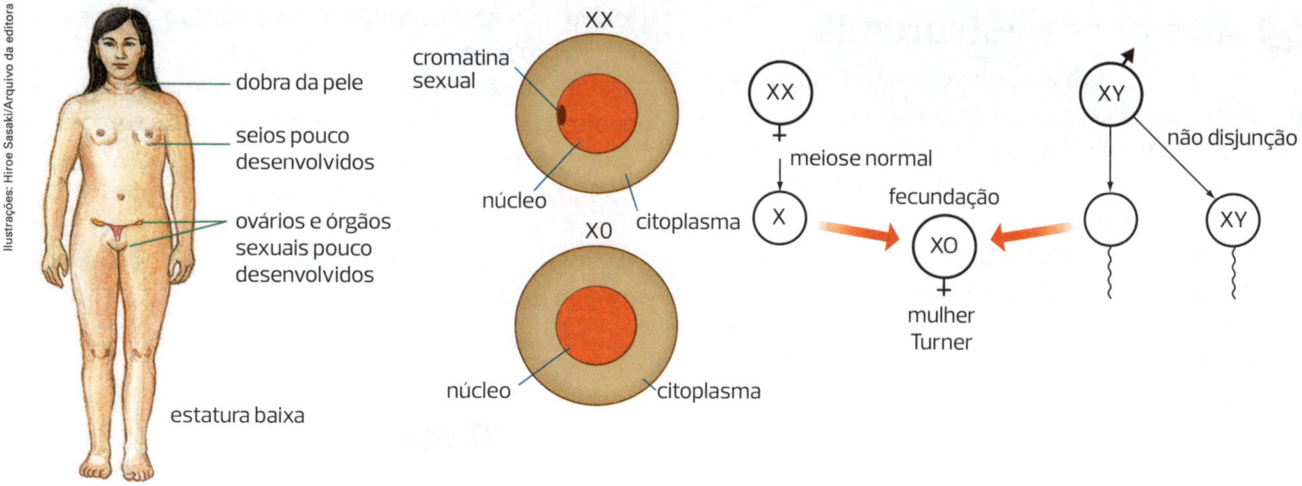

6.3 **Mulher com síndrome de Turner. Observe a ausência de cromatina sexual em suas células.**

baixa estatura, órgãos sexuais e caracteres sexuais secundários pouco desenvolvidos (por falta de hormônios sexuais), tórax largo em barril, pescoço alado (com pregas cutâneas bilaterais), malformação das orelhas, maior frequência de problemas renais e cardiovasculares, e é quase sempre estéril (os ovários não produzem óvulos). O médico pode indicar tratamento hormonal a partir da puberdade.

Síndrome de Klinefelter (figura 6.4). Uma em cerca de mil crianças nasce com um cromossomo X extra (47, XXY), resultante, geralmente, de uma não disjunção na formação do óvulo. Embora apresente cromatina sexual, é do sexo masculino (este é determinado pelo cromossomo Y, mesmo quando acompanhado de mais de um cromossomo X). Mas a fertilidade é baixa, com nenhuma ou pouca produção de espermatozoides (os testículos são pouco desenvolvidos) e, às vezes, desenvolvimento exagerado das glândulas mamárias (ginecomastia). A altura é acima da média. O tratamento hormonal pode ajudar a diminuir esses sintomas, mas não a baixa fertilidade.

Síndrome do poli-X. Ocorre em mulheres com cromossomos X extras (cariótipos com 47, XXX; 48, XXXX; 49, XXXXX; etc.). O número de cromatinas sexuais é igual ao de cromossomos X menos 1. A frequência de mulheres com três cromossomos X é de uma em mil nascimentos. Essas mulheres têm aspecto normal, mas algumas podem ter dificuldade inicial na aprendizagem. A fertilidade pode ser reduzida.

Homens duplo Y. Um em cerca de mil meninos nasce com um cromossomo Y extra (47, XYY). Pode ser fisicamente mais ativo e apresentar amadurecimento mental um pouco mais lento, que pode ser compensado por mais atividades e estímulos em casa e na escola. Tem estatura acima da média e a fertilidade é normal.

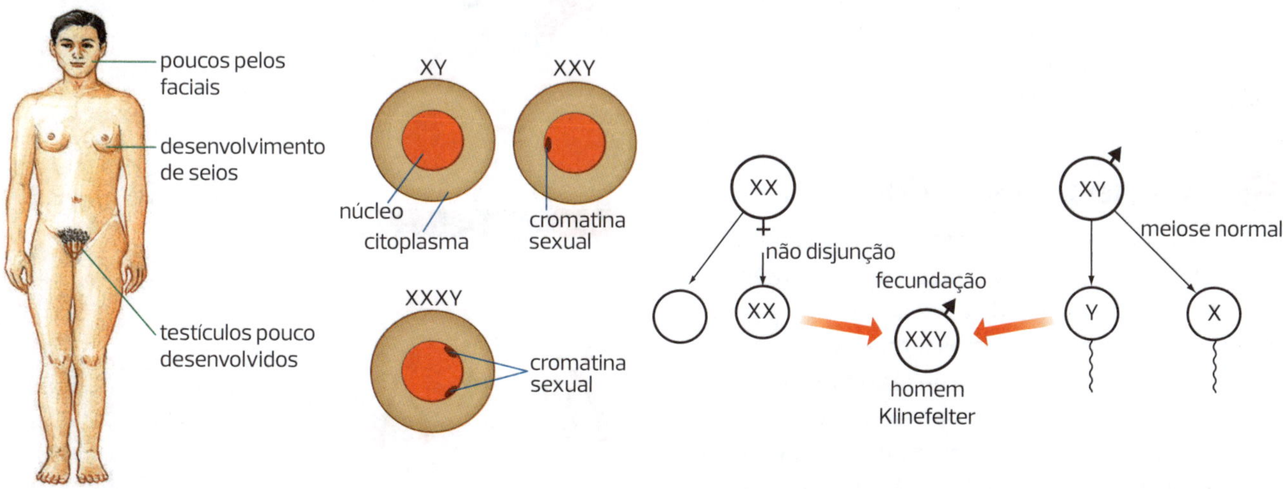

6.4 **Homem com síndrome de Klinefelter. Observe a presença de uma cromatina sexual em homem XXY e de duas cromatinas sexuais em homem XXXY.**

2 Alterações estruturais

As alterações cromossômicas estruturais correspondem a modificações na sequência dos genes ao longo do filamento. Elas podem ser provocadas, por exemplo, por vírus, radiação e substâncias químicas.

Quando ocorrem durante a mitose, seus efeitos são mínimos, pois apenas algumas células serão atingidas, embora, em alguns casos, a célula alterada possa se transformar em célula cancerosa e formar um tumor. Se acontecerem na meiose, como resultado, por exemplo, de uma permutação anormal, elas podem ser transmitidas aos descendentes, que terão cromossomos anormais em todas as células.

As consequências variarão de acordo com o tipo de alteração, que pode ser: **inversão**, **deficiência** ou **deleção**, **duplicação** e **translocação** (figura 6.5).

Suponha que haja ruptura (provocada por radiação, por exemplo) em determinado trecho de um cromossomo e que um pedaço desse cromossomo se solte. Se ele sofrer uma ressoldagem em posição invertida, ocorrerá inversão na sequência de genes. Caso ele se desloque e se fixe em outro cromossomo homólogo (que contém genes para as mesmas características), o cromossomo original apresentará deficiência, e o que recebeu o novo pedaço apresentará duplicação na sequência de seus genes. Se esse pedaço se liga ao cromossomo não homólogo, há translocação.

Um exemplo de deleção é a **síndrome do miado do gato**, em que falta um segmento do cromossomo 5, o que provoca malformação na face, defeitos na laringe (por causa disso o choro da criança portadora dessa síndrome se assemelha a um miado de gato) e deficiência neuromotora e mental.

Em 3% a 4% dos casos de síndrome de Down, o cromossomo 21 extra está preso a outro cromossomo. Em 2% a 4% dos casos ocorre uma não disjunção na mitose na fase embrionária e se formam células trissômicas em meio a células normais.

3 Exames na gravidez

A mulher grávida precisa consultar o médico desde o início da gravidez e fazer alguns exames importantes ao longo de todo esse período. Dependendo da idade da mãe e de outros fatores, o médico analisará e discutirá com a mãe a necessidade de realizar exames adicionais, como a **amniocentese**, para descobrir a existência de algumas anomalias cromossomiais. Esse exame consiste na retirada de uma pequena quantidade de líquido amniótico, que contém células do feto. Examinando essas células após cultura de tecido, faz-se o cariótipo do feto para verificar se há algum problema.

Esses exames envolvem um pequeno risco de aborto involuntário (em torno de 1%); por isso são indicados para mães com idade acima de 35 anos ou que já tiveram um filho com alguma alteração cromossomial.

Para a síndrome de Down, o médico pode pedir também exames de ultrassonografia especiais e testes de sangue.

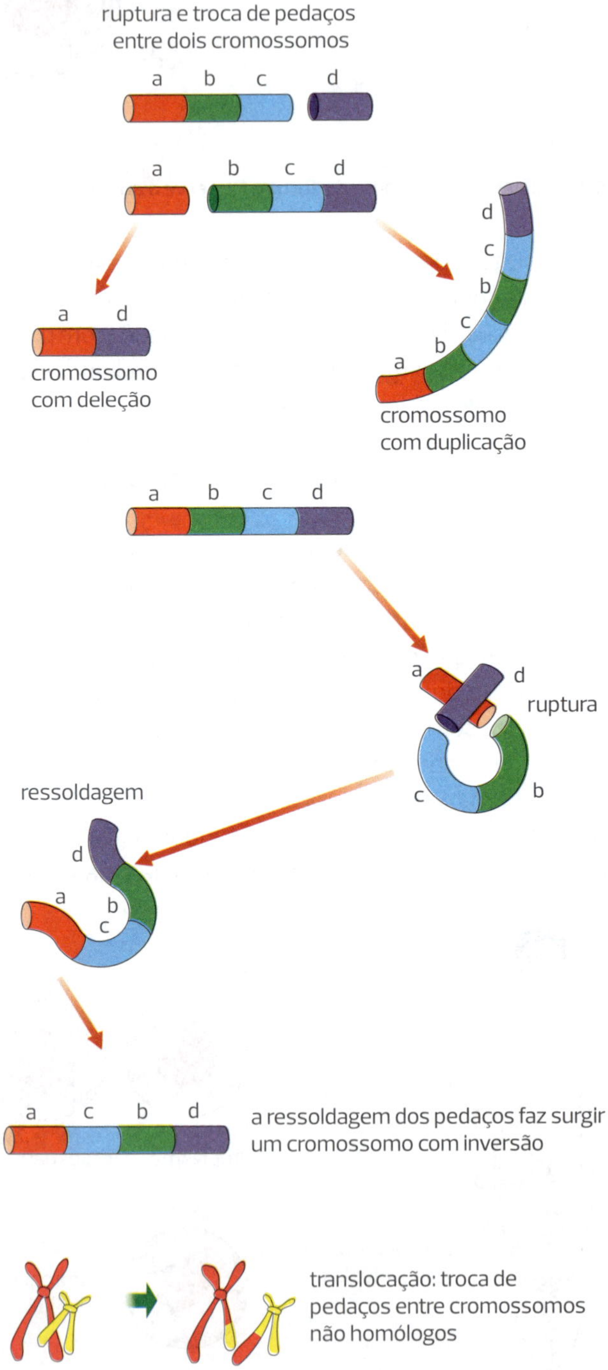

6.5 Esquemas dos quatro tipos de anomalias estruturais. As letras indicam regiões dos cromossomos com muitos genes.

Aplique seus conhecimentos

Leia o texto abaixo e responda à questão.

Alterações estruturais na meiose

As alterações estruturais modificam a sequência de genes ao longo de um cromossomo. Quando ocorrem na meiose, elas podem ser transmitidas aos descendentes, e suas consequências variarão de acordo com o seu tipo.

A figura abaixo mostra dois pares de cromossomos homólogos, um amarelo e outro azul. Os cromossomos estão emparelhados na primeira divisão da meiose.

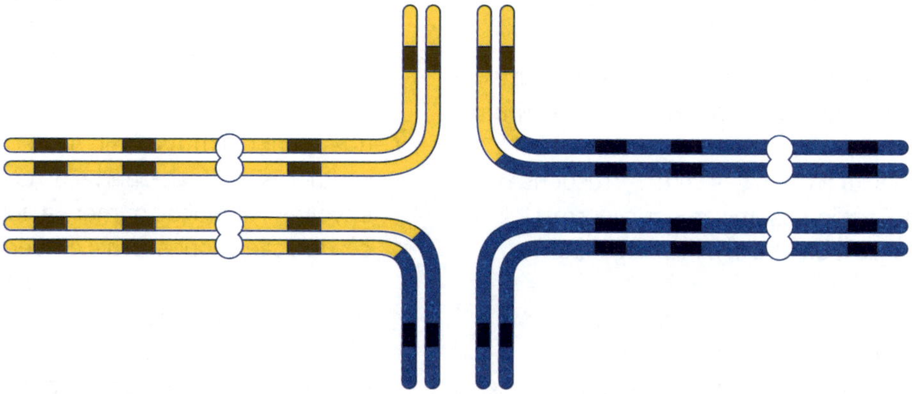

Explique que tipo de alteração estrutural ocorreu entre os cromossomos e por que estão dispostos dessa maneira.

Compreendendo o texto

1 O que são euploidias e aneuploidias?

2 Como a meiose pode originar aneuploidias?

3 Cite três características de um indivíduo com síndrome de Down. Qual o seu cariótipo?

4 Classifique as síndromes de Turner e de Klinefelter quanto ao número de cromatinas sexuais, dê sua fórmula cromossomial e cite as principais características de um indivíduo portador dessas anomalias.

5 O que é translocação?

Refletindo e concluindo

1 (FGV-SP) O médico confirmou que se tratava de gêmeos monozigóticos, contudo um deles era menino e o outro menina. A análise cromossômica dos gêmeos indicou que o menino era normal, porém a menina era portadora da síndrome de Turner. Tal fato deve-se à perda de:

a) um cromossomo X na gametogênese da mãe das crianças.
b) um cromossomo Y na gametogênese do pai das crianças.
c) um cromossomo sexual, X ou Y, na gametogênese do pai ou da mãe das crianças.
d) um cromossomo X quando da divisão mitótica do zigoto.
e) um cromossomo Y quando da divisão mitótica do zigoto.

2 (Unifesp) Os gatos possuem 38 cromossomos, com o sistema XX/XY de determinação sexual. No desenvolvimento embrionário de fêmeas, um dos cromossomos X é inativado aleatoriamente em todas as células do organismo. Em gatos domésticos, a pelagem de cor preta (dominante) e amarela (recessiva) são determinadas por alelos de um gene localizado no cromossomo X. Fêmeas heterozigóticas para cor da pelagem são manchadas de amarelo e preto. Um geneticista colocou um anúncio oferecendo recompensa por gatos machos manchados de amarelo e preto. A constituição cromossômica desses gatos é:

a) 37, YO.
b) 37, XO.
c) 38, XX.
d) 39, XXY.
e) 39, XXX.

3 (UFRN) A síndrome de Down, uma aneuploidia autossômica, caracteriza-se pela trissomia do cromossomo 21 e decorre do(a):

a) erro de disjunção do cromossomo 21 durante a formação dos gametas.
b) fecundação de um gameta feminino diploide por um gameta masculino haploide.
c) senilidade dos ovócitos em mulheres com idade a partir dos 35 anos.
d) fato de as células autossômicas dos portadores terem 46 cromossomos.

4 (PUC-SP) Uma mulher com síndrome de Turner é cromatina negativa e daltônica. Sabe-se que é filha de um casal cujo pai é daltônico e a mãe, normal e homozigótica para a visão das cores. O responsável pelo gameta cromossomicamente anormal foi:

a) o pai, pois ele é daltônico e lhe deu o cromossomo X.
b) a mãe, pois ela é normal e homozigótica.
c) o pai, pois ele lhe deu o cromossomo X.
d) o pai ou a mãe, pois ambos apresentam, no gameta, cromossomos X.

5 (PUCC-SP) Observe o cariótipo a seguir, obtido a partir de células diploides de uma pessoa.

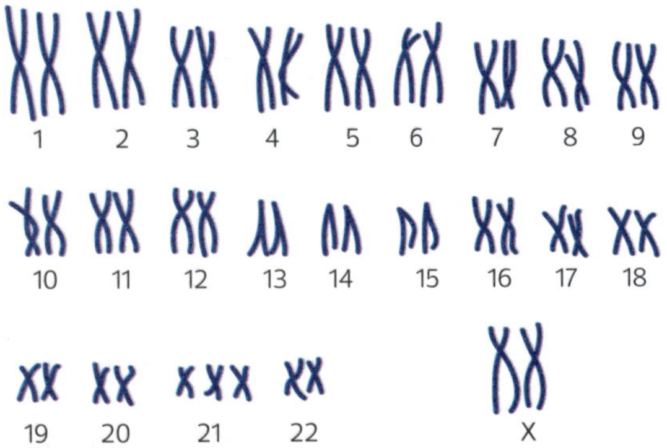

Sua análise permite afirmar que ele pode pertencer a uma mulher:

a) normal, com 47 cromossomos.
b) com síndrome de Down.
c) com síndrome de Klinefelter.
d) com daltonismo.
e) com polidactilia.

6 (UFMG) Analise o gráfico:

Com base nas informações desse gráfico, todas as afirmativas sobre a correlação entre o nascimento de crianças com síndrome de Down e a idade materna estão corretas, exceto:

a) A frequência aumenta com a idade avançada.
b) A frequência esperada aos 40 anos é de cerca de 0,5%.
c) A incidência aos 35 anos é, aproximadamente, a metade da incidência aos 40 anos.
d) A incidência aos 45 anos é, aproximadamente, três vezes maior que aos 40 anos.
e) A probabilidade de incidência abaixo de 20 anos é zero.

7 (Cesgranrio-RJ) Assinale a alternativa que apresenta três casos de aberração cromossômica que envolvem alteração numérica nos cromossomos.

a) deleção, monossomia e inversão
b) inversão, poliploidia e monossomia
c) haploidia, triploidia e trissomia
d) deleção, inversão e duplicação
e) poliploidia, nulissomia e translocação

8 (Ufes) O esquema **A** representa uma célula com 2n cromossomos. Os esquemas **B** e **C** representam, respectivamente, os fenômenos de:

a) monossomia e trissomia.
b) haploidia e trissomia.
c) monossomia e triploidia.
d) haploidia e triploidia.
e) euploidia e aneuploidia.

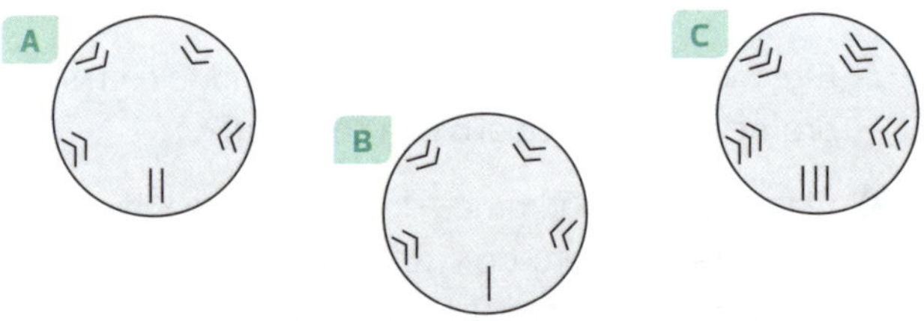

9 (PUC-RJ) Na espécie humana, se um óvulo normal for fecundado por um espermatozoide portador de 24 cromossomos, será originado um indivíduo:

a) 2n = 46, normal.
b) 2n = 47, trissômico.
c) 2n = 47, triploide.
d) 2n = 48, tetrassômico.
e) 2n = 48, tetraploide.

10 (PUC-RJ) Qual das alternativas apresenta a constituição cromossômica de um indivíduo que possui dois corpúsculos de Barr nas células interfásicas?

a) 45, XO
b) 46, XX
c) 46, XY
d) 47, XXY
e) 48, XXXY

11 (FCC-SP) Considere o seguinte esquema:

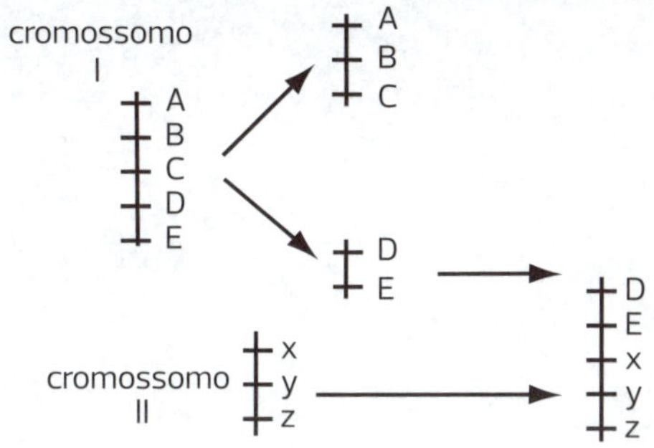

A mutação cromossômica representada chama-se:

a) deleção.
b) inversão.
c) translocação.
d) duplicação.
e) não disjunção.

12 (PUC-SP) Uma mulher triplo-X é fértil e produz óvulos normais e óvulos com dois cromossomos X. Sendo casada com um homem cromossomicamente normal, essa mulher terá chance de apresentar:

a) apenas descendentes cromossomicamente normais.
b) apenas descendentes cromossomicamente anormais.
c) 50% dos descendentes cromossomicamente normais e 50% cromossomicamente anormais.
d) 25% dos descendentes cromossomicamente normais e 75% cromossomicamente anormais.
e) 75% dos descendentes cromossomicamente normais e 25% cromossomicamente anormais.

Questões para análise

1 (UFRJ) Ao analisar o cariótipo de células obtidas de uma criança com síndrome de Down, observou-se que 70% das células apresentavam 47 cromossomos, por exibirem a trissomia do cromossomo 21, e que 30% das células apresentavam um cariótipo normal, ou seja, 46 cromossomos, sem trissomia do 21. Responda se o fenômeno da não disjunção do par de cromossomos 21 ocorreu antes ou depois da formação do zigoto. Justifique sua resposta.

2 (Vunesp-SP) José é uma pessoa muito interessada na criação de gatos. Um de seus gatos apresenta hipoplasia testicular (testículos atrofiados) e é totalmente estéril. José procurou um veterinário que, ao ver as cores preta e amarela do animal, imediatamente fez o seguinte diagnóstico: trata-se de um caso de aneuploidia de cromossomos sexuais. As cores nos gatos domésticos são determinadas por um gene **A** (cor amarela) e outro gene **P** (cor preta), ambos ligados ao sexo, e o malhado apresenta os dois genes (**A** e **P**).

a) O que é e qual o tipo de aneuploidia que o gato de José apresenta?
b) Qual a explicação dada pelo veterinário relacionando a anomalia com as cores do animal?

3 (Faap-SP) Sabe-se que as anomalias cromossômicas na espécie humana causam doenças ou síndromes, características que são representadas por seus respectivos cariótipos. Dê o nome de cada síndrome abaixo relacionada quando os cariótipos de cada caso são, pela ordem:

a) 47, XXY;
b) 45, XO;
c) 47, XX + 21;
d) 47, XY + 21.

4 (Unicamp-SP) Considere as duas fases da meiose de um organismo com 2n = 6 cromossomos esquematizadas abaixo e responda:

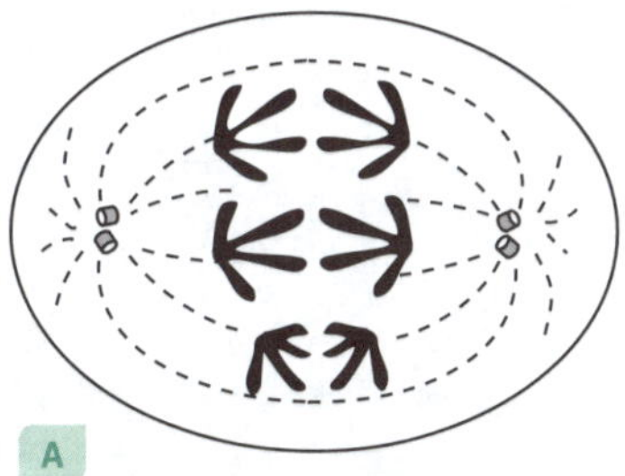

A

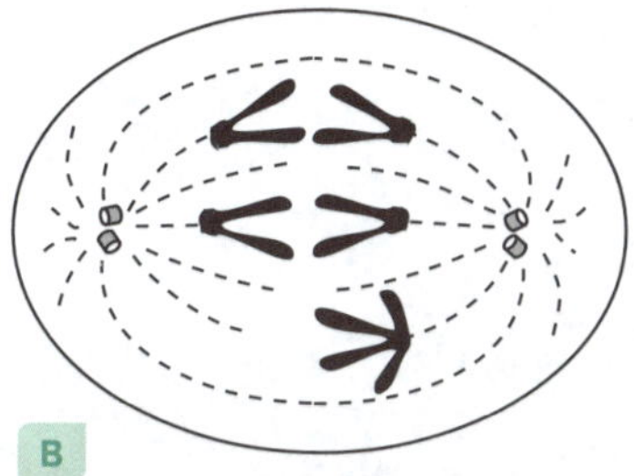

B

a) Que fases estão representadas na figura **A** e na **B**? Justifique.
b) Que tipo de alteração aparece em uma das figuras? Em relação aos cromossomos, como serão as células resultantes de um processo de divisão com essa alteração?
c) Dê um exemplo de anomalia que seja causada por esse tipo de alteração na espécie humana, cujo número normal de cromossomos é 2n = 46.

5 (Unip-SP) O número diploide (2n) de um organismo é 18. Quantos cromossomos podemos encontrar em um tetrassômico?

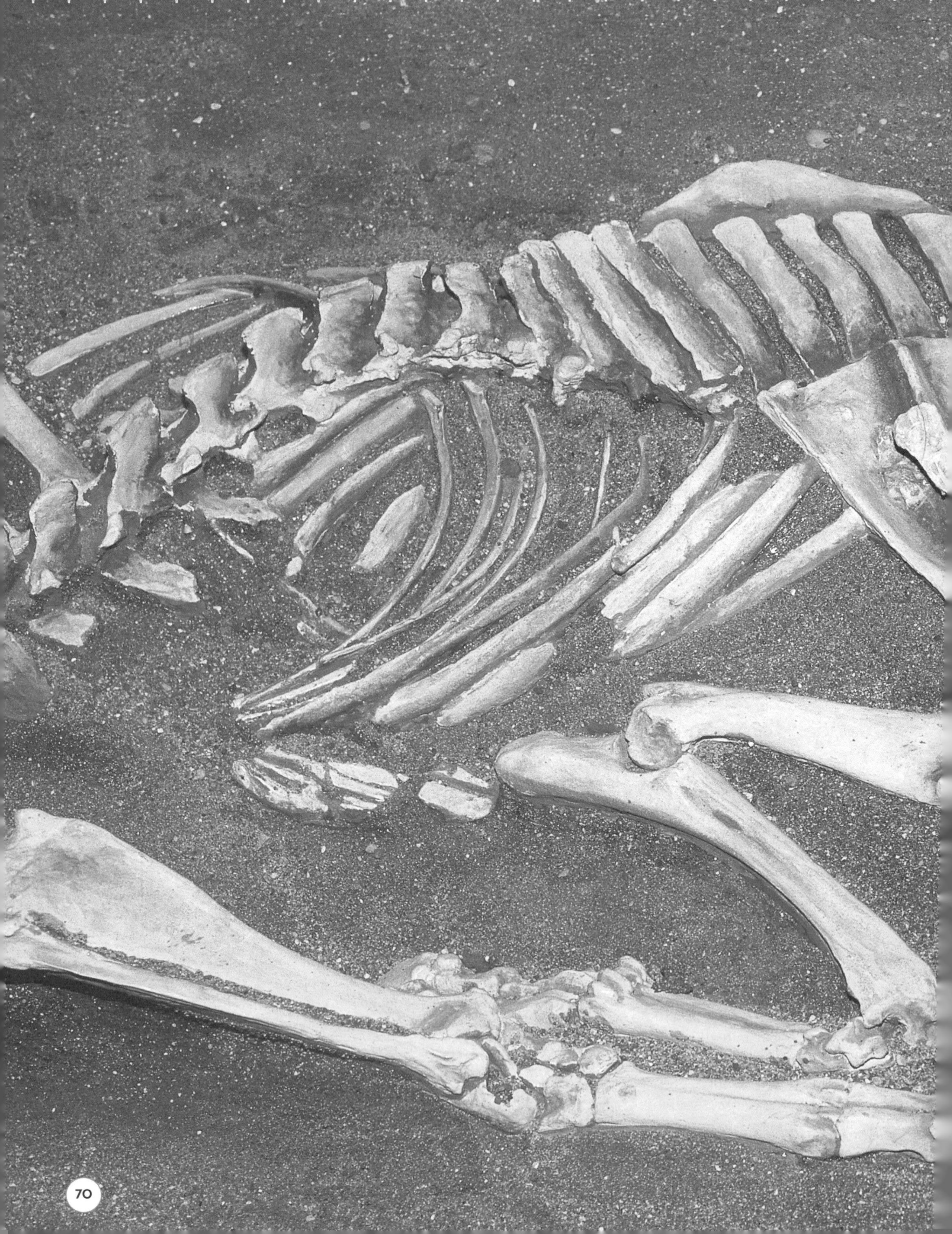

Evolução

Com a teoria da evolução é possível explicar como os seres vivos se transformam, se adaptam ao ambiente em que vivem e originam novas espécies.

capítulo 7

Teorias evolutivas

Segundo o pensamento predominante até meados do século XVIII, cada espécie teria surgido de maneira independente e permaneceria sempre com as mesmas características. Até o naturalista Lineu, que criou em 1735 o primeiro sistema de classificação biológica, aceitava essa ideia, conhecida como **criacionismo** ou **fixismo**.

No início do século XIX, a hipótese de uma transformação das espécies passou a ser defendida por alguns cientistas para explicar a diversidade das espécies e a existência de fósseis de organismos diferentes dos organismos atuais.

1 Lamarckismo

Segundo Jean-Baptiste Lamarck (1744-1829; figura 7.1), os organismos atuais surgiram de outros e, à medida que o ambiente muda, os organismos também mudam, o que explicaria a sequência de fósseis.

Lamarck é hoje mais conhecido por defender duas leis para explicar a evolução: a **lei do uso e desuso dos órgãos** e a **lei da herança dos caracteres adquiridos**.

De acordo com a lei do uso e desuso, um órgão desenvolvia-se com o uso e atrofiava-se com o desuso. Nessa lei há uma verdade apenas parcial, pois o ambiente só pode variar as características fenotípicas dentro de certos limites predeterminados pelo genótipo (norma de reação). Além disso, para certas características o uso e o desuso não têm nenhuma influência.

Science Photo Library/Latinstock

7.1 Em uma época na qual a maioria dos cientistas era fixista, Lamarck defendeu a teoria de que as espécies mudam com o tempo.

Na lei da herança dos caracteres adquiridos Lamarck afirma que o caráter adquirido (resultante do desenvolvimento pelo uso ou da atrofia pelo desuso) seria transmitido aos descendentes.

Assim, por exemplo, a língua comprida do tamanduá ou a do camaleão teriam se desenvolvido em resposta às necessidades alimentares desses animais e ao uso desse órgão – o tamanduá e o camaleão usam a língua para capturar e comer insetos. Do mesmo modo, um halterofilista desenvolveria seus músculos com exercícios e essa característica passaria para os seus filhos.

Por tudo que sabemos hoje, apenas uma modificação nos genes (mutação) pode ser transmitida às gerações seguintes, e mesmo assim se esses genes estiverem nas células germinativas. Assim, ao desenvolver seus músculos com exercícios, um halterofilista não altera os genes de seus espermatozoides responsáveis pelo desenvolvimento dos músculos. Por isso seus filhos não terão músculos mais desenvolvidos.

Além disso, para que o resultado de um esforço muscular ficasse "inscrito" nos genes e passasse para os filhos, seria preciso um sistema complexo de mudanças genéticas. Em primeiro lugar, teria de ser fabricada uma molécula com informações específicas para modificar os genes que influenciam a força muscular. Essa molécula teria de se dirigir aos gametas, localizar os genes que influenciam a força dos músculos e modificar de forma específica a sequência de seus nucleotídeos. O novo gene teria de produzir uma proteína que aumentasse a força muscular. Mas não há nenhuma evidência de que esse complexo mecanismo de "transformação dirigida" ocorra.

Entre 1870 e 1875, o biólogo alemão August Weismann (1834-1914) estabeleceu a existência de duas linhagens de células – as germinativas (que originam os gametas) e as somáticas (que formam o corpo) – e mostrou que apenas as modificações surgidas na linhagem germinativa se transferem aos descendentes.

Em uma de suas experiências, ele cortou o rabo de camundongos por várias gerações, mas nenhum dos descendentes nasceu com rabo menor. O experimento de Weismann foi mais uma evidência contrária ao lamarckismo. No entanto, Lamarck teve o mérito de ter sido o primeiro cientista a propor uma explicação para a evolução dos seres vivos, isto é, uma teoria da evolução.

Aprofunde seus conhecimentos

Controvérsias sobre o pescoço das girafas

A girafa (*Giraffa camelopardalis*) e o ocapi (*Okapia johnstoni*) formam a família Giraffidae (figura 7.2). O ocapi vive em florestas na região do Congo, na África. A girafa é encontrada nas savanas da África. Ambos devem ter evoluído a partir de um ancestral comum durante o período Mioceno, que durou de 23,3 milhões a 5,2 milhões de anos atrás.

A explicação clássica para o aumento do pescoço da girafa é que o longo pescoço permitia que o animal conseguisse comer folhas no alto das árvores nas savanas da África nas épocas de seca, quando as plantas rasteiras perdem as folhas.

No entanto, alguns pesquisadores observaram que, durante a época da seca, as girafas se alimentam na maior parte do tempo de folhas de arbustos baixos ou de árvores de altura inferior ao tamanho de seu pescoço. Os pesquisadores Robert Simmons e Lue Scheepers propuseram, então, a hipótese de que o aumento do pescoço ao longo das gerações se deve à vantagem que ele confere quando dois machos lutam em disputa pelas fêmeas. Na luta, os machos usam o pescoço para golpear o adversário, o que provoca lesões que levam um deles a desistir da luta.

Outros autores, porém, apontam que a primeira e a segunda vértebras no pescoço da girafa estão posicionadas de modo a permitir a extensão completa do pescoço e que as girafas comem folhagens a mais de 5 metros de altura, na extensão máxima de seu pescoço.

Em 2007 os pesquisadores E. Cameron e J. du Toit publicaram um artigo (em *American Naturalist*, v. 169, p. 130-5) em que mostram que as girafas geralmente comem folhas das partes mais altas das árvores, inacessíveis a outros herbívoros, e que suas observações apoiam a hipótese de que o aumento do pescoço resultou da competição com outros herbívoros pelo alimento.

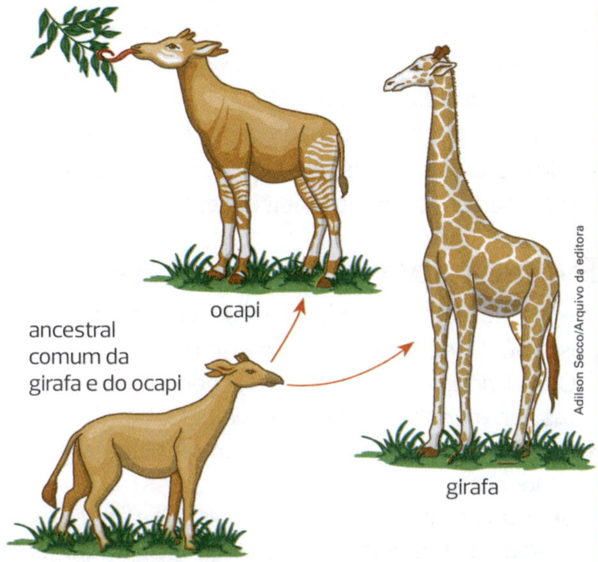

7.2 **A girafa e o ocapi descendem de um ancestral comum.**

2 Darwinismo

Em uma viagem às ilhas Galápagos (arquipélago a oeste do Equador), Charles Darwin (1809-1882; figura 7.3) observou espécies características que diferiam ligeiramente umas das outras, como os tentilhões. Começou a perceber que cada população poderia ser o início de uma nova espécie.

Após sua volta à Inglaterra, Darwin continuou recolhendo fatos relacionados com as variações de animais e plantas, até que, em 1838, leu um livro do economista e clérigo inglês Thomas Malthus (1766-1834) sobre população. Nesse livro, chamou a atenção de Darwin o fato de que, apesar de muitas espécies produzirem grande número de descendentes, poucos indivíduos conseguiam sobreviver. Concluiu que os indivíduos com mais oportunidades de sobrevivência seriam aqueles cujas características fossem mais apropriadas para enfrentar as condições ambientais.

7.3 **Charles Darwin. Embora a seleção natural lembre logo o nome de Darwin, o cientista inglês Alfred Russell Wallace (1823-1913) chegou independentemente à mesma conclusão de Darwin. O mérito deste foi ter apresentado uma série de evidências a favor de sua teoria.**

Esses indivíduos teriam mais probabilidade de se reproduzir e deixar descendentes. Nessas condições, as variações favoráveis tenderiam a ser preservadas e as desfavoráveis eliminadas.

Darwin começou a suspeitar também que o mecanismo da evolução poderia ter alguma semelhança com a **seleção artificial**, processo em que o ser humano seleciona para reprodução espécies animais e vegetais com características desejáveis e despreza as demais. Assim surgiram, por exemplo, todas as raças de cães, carneiros, cavalos, vacas; as variedades de milho, frutos, etc. (figura 7.4).

Desse modo, nascia o conceito de **seleção natural**, sobre o qual Darwin afirmou: "A essa preservação de variações favoráveis e rejeição de variações prejudiciais eu chamo de seleção natural".

Pelo constante e lento processo de seleção ao longo das gerações, as espécies podem se diversificar e tornar-se adaptadas ao ambiente em que vivem.

Evolução por seleção natural

O mecanismo da evolução por seleção natural proposto por Darwin apresenta seis etapas:

- Os indivíduos de uma mesma espécie mostram muitas variações na forma e na fisiologia.
- Boa parte dessas variações é transmitida aos descendentes.
- Se todos os indivíduos de uma espécie se reproduzissem, as populações cresceriam aceleradamente, em progressão geométrica.
- Como os recursos naturais são limitados, os indivíduos de uma população lutam por sua sobrevivência e pela sobrevivência de sua prole.
- Portanto, apenas alguns, chamados por Darwin de **mais aptos**, sobrevivem e deixam filhos (seleção natural). A sobrevivência e a possibilidade de reprodução dependem das características desses indivíduos, que, por serem hereditárias, serão transmitidas a seus filhos.
- Pela seleção natural as espécies serão representadas por indivíduos adaptados ao ambiente em que vivem.

Veja como seria uma explicação darwinista para a língua comprida do camaleão (ou do tamanduá): em uma população inicial de camaleões, alguns indivíduos possuíam língua mais comprida que outros. Essa característica seria hereditária e os indivíduos com língua maior passaram a ter maiores chances de capturar insetos. O processo repetiu-se ao longo das gerações e a frequência de animais de língua mais comprida aumentou de maneira gradativa.

O principal problema da teoria darwiniana foi não explicar a origem e a transmissão das variações; as mutações e as leis de Mendel não eram conhecidas na época.

3 Neodarwinismo

A teoria atualmente aceita para explicar a evolução é o **neodarwinismo** ou **teoria sintética**, desenvolvida a partir da década de 1930 com a contribuição de vários cientistas, como J. B. S. Haldane (1892-1964), R. A. Fisher (1890-1962), T. Dobzhansky (1900-1975), Sewall Wright (1889-1988), George Gaylord Simpson (1902-1984), G. Ledyard Stebbins (1906-2000) e Ernst Mayr (1904-2005), entre outros.

Pictor International/Keystone

Dálmata

Dale C. Sparta/Corbis

Pointer alemão

Robert Dowling/Corbis

Chinese crested toy dog

7.4 As diversas raças de cães foram criadas pelo ser humano por meio de cruzamentos seletivos, provavelmente a partir do lobo. Esse processo é chamado de seleção artificial. Darwin supôs que um processo semelhante poderia ter ocorrido na natureza e ter eliminado as formas menos adaptadas e favorecido as mais adaptadas.

O neodarwinismo demonstra que a evolução é resultado da ação de vários fatores, como a seleção natural, a mutação, a deriva genética e a migração. Mostra ainda que todos esses fatores alteram a frequência relativa dos genes, o que torna possível um estudo matemático da evolução.

Um fato importante para o desenvolvimento da teoria da evolução foi a redescoberta, em 1900, das leis de Mendel, que, apesar de terem sido publicadas em 1866, tinham permanecido ignoradas pela comunidade científica da época. Eliminava-se, assim, uma das objeções contra Darwin: a de que os fatores responsáveis pelas características se misturam nos filhos.

Variedade genética: mutações e reprodução sexuada

Foram os trabalhos de Thomas Morgan, a partir de 1909, que introduziram a expressão *alteração genética*. Depois, com a descoberta de que o gene corresponde a um trecho da molécula de DNA, essa alteração, chamada de mutação, pôde ser explicada como uma mudança na sequência de bases nitrogenadas do DNA, matéria-prima para a seleção natural.

A mutação pode ser provocada por um defeito no próprio mecanismo de duplicação do DNA ou por fatores ambientais, como os raios ultravioleta, a radioatividade, certos vírus e a ação de produtos químicos, como benzimidazol, ácido nitroso, hidrazina, gás mostarda, metanol e outros.

Algumas mutações, como a da anemia falciforme, alteram genes isoladamente (mutações gênicas). Outras podem alterar pedaços inteiros de cromossomos e modificar a sequência de genes em um cromossomo ou mesmo o número de cromossomos (alterações ou mutações cromossômicas).

Quando ocorrem nas células somáticas, as mutações não são transmitidas aos descendentes. Se são produzidas nas células germinativas, podem passar às gerações seguintes, nas quais podem fazer surgir novas características.

As mutações são um acontecimento raro; portanto, em princípio, sua frequência é muito baixa na população. Elas ocorrem ao acaso, sem nenhuma ligação com as características do meio. Por exemplo, se um organismo vive em um lugar frio, esse ambiente não favorece o aparecimento de mutações que aumentem a defesa contra o frio. Diversas mutações não relacionadas ao frio poderão ocorrer. Mas, se por acaso aparecer uma mutação favorável, ela será selecionada positivamente e, com isso, o número de indivíduos portadores dessa mutação aumentará com o tempo.

Entretanto, como a população está normalmente bem adaptada ao seu ambiente, é bem mais provável que uma mutação provoque o surgimento de características desvantajosas. As mutações que provocam mudanças pequenas e que, eventualmente, tragam alguma vantagem podem acumular-se ao longo das gerações por meio da seleção natural e contribuir para a melhor adaptação do organismo ao seu ambiente.

A reprodução sexuada não cria novos genes (papel da mutação), mas os reúne em novas combinações, o que aumenta a variedade genética, combustível da evolução. Sem variedade, não pode haver seleção natural nem evolução. Ao produzir grande número de indivíduos diferentes, esse tipo de reprodução fornece vasto campo para a seleção natural e aumenta a velocidade do processo evolutivo. A longo prazo, também ajuda as espécies a se espalharem por uma diversidade de ambientes. Um indivíduo menos adaptado em determinado ambiente pode ser mais adaptado em outro.

Além disso, a reprodução sexuada é uma proteção contra parasitas, pois, por produzir indivíduos geneticamente diferentes, alguns poderão possuir proteínas que não se encaixam nas do parasita e este não conseguirá penetrar nas células. Desse modo, a reprodução sexuada produz indivíduos mais resistentes às doenças que atacavam seus pais. Uma observação que parece apoiar essa hipótese é que espécies que se reproduzem sexuadamente são mais resistentes à invasão de parasitas que espécies assexuadas.

A resistência de insetos aos inseticidas

Os cientistas já estudaram vários casos de seleção natural. O processo é mais facilmente observado em populações que se reproduzem de forma rápida, como bactérias e certos insetos que atacam plantações.

Em uma população de insetos, a alta taxa de reprodução por via sexuada fornece populações extremamente variadas, nas quais a quantidade de genes mutantes diferentes é muito alta. Quando essa população é submetida a determinado inseticida por um período prolongado, os indivíduos sensíveis morrem e os mutantes resistentes sobrevivem. Gradativamente, geração após geração, diminui a quantidade de sensíveis e aumenta a de resistentes.

Podemos entender a seleção natural como uma reprodução diferencial: no início, os mutantes resistentes são raros; a partir do momento em que o inseticida aparece, esses mutantes passam a ter muito mais possibilidade de sobreviver que os indivíduos sensíveis, que são a maioria da população. Assim, esses mutantes podem deixar uma prole maior e os indivíduos sensíveis morrem antes de se reproduzirem ou vivem pouco tempo, deixando poucos descendentes. Por isso a frequência de indivíduos resistentes aumenta aos poucos e eles acabam constituindo praticamente toda a população.

É importante ressaltar que a mutação resistente ao inseticida não foi provocada pelo produto. Ela já existia em baixa frequência. A ação do inseticida consistiu em selecionar positivamente a mutação e espalhá-la na população. É claro que esse tipo de inseticida se torna incapaz de controlar o crescimento dos insetos a partir do momento em que toda a população for constituída por mutantes resistentes.

A resistência de bactérias aos antibióticos

Com bactérias e antibióticos ocorre fenômeno semelhante ao da resistência de insetos a inseticidas. Eventualmente aparece um mutante capaz de, por exemplo, fabricar uma enzima que pode destruir o antibiótico (essa nova bactéria pode surgir também por conjugação, ao receber genes de outra bactéria que conferem resistência ao antibiótico). Se não houver antibiótico no meio em que esse mutante se encontra, sua característica não lhe traz nenhuma vantagem. Pelo contrário, o tempo e a energia gastos para fabricar a enzima diminuem sua velocidade de reprodução. Portanto, esse indivíduo é menos adaptado, não aumenta de número na população e perde-se por seleção natural. A presença do antibiótico pode alterar essa situação: as bactérias sensíveis morrem e as resistentes sobrevivem e aumentam de número na população.

O bico dos tentilhões

A partir de 1973, Peter e Rosemary Grant, pesquisadores da Universidade de Princeton (Estados Unidos), e seus colaboradores estudaram a evolução do bico de tentilhões em Dafne Maior, pequena ilha de Galápagos.

Eles observaram que, entre os tentilhões do solo (do gênero *Geospiza*), os de bico maior e mais forte conseguiam abrir e comer sementes grandes e pequenas, enquanto os pássaros de bico menor só conseguiam comer sementes pequenas. Quanto maior e mais forte o bico, maior a semente que o pássaro era capaz de comer. O tamanho do bico é uma característica genética: pássaros de bico grande originam filhotes também de bico grande (figura 7.5).

De 1976 a 1977, a ilha passou por um período de seca muito forte, o que provocou grande redução na produção de sementes. A maioria das plantas que sobreviveram à seca era do tipo que produzia sementes

Michael Gore/Frank Lane Picture Agency/Corbis

7.5 O tentilhão de solo (*Geospiza magnirostis*) estudado pelo casal Grant.

grandes, as quais os pássaros de bico pequeno eram incapazes de consumir. Os pesquisadores verificaram que, justamente durante a seca, a mortalidade foi maior entre esses pássaros.

Comparando o tamanho do bico dos pássaros antes e depois da seca, os pesquisadores constataram que, na média, ele aumentou.

Nesse exemplo, indivíduos com determinado fenótipo extremo da variação normal de uma população (pássaros de bico grande) foram favorecidos em relação aos pássaros de bico pequeno e médio. Essa seleção é chamada de **seleção direcional**.

Em outros casos, a seleção natural elimina indivíduos muito diferentes da média, com características extremas, favorecendo indivíduos com fenótipos intermediários. Em algumas espécies de lagartos, por exemplo, foi observado que as formas muito pequenas tinham dificuldade de defender seu território contra outros lagartos, e as formas muito grandes tinham mais chance de ser capturadas por corujas. Essa seleção é chamada de **seleção estabilizadora** e ocorre em populações adaptadas a um ambiente relativamente estável.

Na **seleção disruptiva**, os indivíduos com fenótipos extremos são favorecidos em relação aos indivíduos com fenótipos intermediários. Suponhamos, por exemplo, que na ilha Dafne Maior houvesse apenas dois tipos de alimento disponíveis para os pássaros: sementes duras e sementes pequenas em fendas estreitas nas rochas. Os pássaros de bico grande conseguiriam sobreviver comendo as sementes duras e os pássaros de bico pequeno também conseguiriam sobreviver comendo as sementes nas fendas das rochas. Os pássaros de bico médio seriam selecionados negativamente.

Anemia falciforme

Com a seleção natural é possível explicar, ainda, por que, em certas regiões da África, a frequência do gene para anemia falciforme (ou siclemia) tornou-se muito alta. Os indivíduos homozigotos para esse gene (que possuem dois alelos que condicionam a anemia falciforme) apresentam anemia e problemas circulatórios que podem ser fatais. Os heterozigotos (indivíduos com um alelo que condiciona a anemia e outro alelo normal) ou não têm a doença ou a têm em forma muito branda, que não prejudica a sobrevivência. Além disso, eles são resistentes à malária, doença provocada pelo protozoário plasmódio, comum na região e que parasita a hemácia e o fígado.

Assim, os indivíduos heterozigotos têm vantagem sobre as pessoas sem alelos para anemia falciforme (pois estas podem contrair a doença) e sobre os portadores de alelos para a doença em homozigose (pois eles morrem cedo). A sobrevivência dos heterozigotos garante, naquelas regiões africanas, uma frequência maior de indivíduos heterozigotos do que em regiões onde não há malária.

Seleção sexual

Algumas características foram selecionadas e se espalharam na população porque ajudam o indivíduo a conseguir um parceiro sexual. Em alguns casos, as fêmeas escolhem os machos com quem vão se acasalar em função das características que os tornam mais atraentes. Por exemplo, os pavões exibem-se para as fêmeas, que escolhem aqueles com cauda mais vistosa; o resultado é que, ao longo das gerações, a cauda do pavão torna-se maior e mais vistosa.

O processo pelo qual certas características sexuais se espalham, por causa da maior facilidade para conseguir parceiros para a reprodução, é chamado de **seleção sexual**.

Para alguns pesquisadores, características como a cauda do pavão e o colorido das penas de muitos pássaros ou das escamas de várias espécies de peixes funcionam como um sinal de que o animal não tem doenças causadas por parasitas. Nesse caso, a fêmea estaria escolhendo os animais saudáveis para ter filhos, que herdarão as características responsáveis pelo sucesso dos pais.

Se a seleção sexual for definida de forma mais ampla, como uma seleção de características que conduzem, em última análise, ao sucesso reprodutivo do indivíduo, ela pode ser considerada um caso especial de seleção natural.

Aprofunde seus conhecimentos

A polêmica história das mariposas

A história das mariposas de Manchester, Inglaterra, aparece em vários livros como um exemplo clássico de evolução por seleção natural. No entanto, ela tem sido alvo de críticas por parte de alguns cientistas.

A história tradicional

Há duas variedades principais dessa espécie de mariposa (*Biston betularia*): uma de cor cinza-clara e outra mais escura. Antes da industrialização, por volta de 1850, as mariposas claras eram mais comuns em Manchester. Após a Revolução Industrial, a variedade escura passou a ser dominante nas áreas próximas às indústrias – por volta de 1900 ela já representava mais de 90% da população dessas mariposas nas regiões industrializadas da Inglaterra.

A explicação para essa mudança resultou das pesquisas do cientista inglês Bernard Kettlewell (1907-1979), realizadas na década de 1950. Nas regiões não poluídas, os pássaros localizavam e comiam com mais facilidade as mariposas escuras, pois as formas claras ficavam camufladas sobre os troncos cobertos de liquens brancos. A poluição provocada pela industrialização destruiu os liquens e escureceu os troncos. Com isso, as formas escuras ficaram mais camufladas e protegidas dos pássaros – ao contrário das formas claras – e aumentaram de número. Esse fenômeno ficou conhecido como melanismo industrial (a forma mais escura é chamada de forma melânica) e ocorreu também com muitas outras espécies de mariposas que vivem em áreas poluídas em outros locais do mundo.

Michael W. Tweedie/Science Photo Library

Michael W. Tweedie/Science Photo Library

7.6 Mariposas escuras e claras colocadas sobre troncos de árvores em regiões não poluídas (A) e poluídas (B).

Críticas e réplicas

Alguns cientistas afirmaram que as mariposas em condições naturais não repousam sobre os troncos, citando até mesmo o pesquisador inglês Michael Majerus. Contudo, o que Majerus afirma (em seu livro *Melanism*: evolution in action, página 122) é que esses insetos geralmente repousam em partes não expostas dos troncos, em três locais: **a)** nos troncos, algumas polegadas abaixo da junção com os ramos, na região de sombra; **b)** na parte de baixo dos ramos; **c)** nos ramos com folhas. Convém lembrar que os pássaros procuram por mariposas em todas as partes da árvore, que são igualmente afetadas pela poluição, o que torna a forma escura mais camuflada nas regiões poluídas, independentemente do local onde repouse.

Embora a diferença de camuflagem entre as duas formas seja menor nas posições mais protegidas do que nas partes expostas dos troncos, experimentos feitos por Rory Howlett e Michael Majerus mostraram uma diferença pequena entre os dois casos. Por isso, segundo esses cientistas, a discussão acerca dos locais de repouso das mariposas não inviabiliza a conclusão de Kettlewell.

As fotos que aparecem na maioria dos livros didáticos foram feitas muitas vezes com mariposas mortas e coladas nos troncos. No livro de Majerus e em vários artigos (como o de Liebert e Brakefield), porém, há fotos de mariposas vivas que pousaram naturalmente nos ramos e troncos (figura 7.7). O ponto importante é que essas fotos têm apenas a função de ilustrar a camuflagem das duas formas de mariposas e não de mostrar o lugar preferido de repouso desses insetos, nem de servir de evidência de que a predação dos pássaros foi um fator importante de seleção natural. As evidências para isso vêm de experimentos que contam o número de mariposas brancas e negras soltas e recapturadas em regiões poluídas e não poluídas: um número maior de mariposas claras é capturado nos ambientes não poluídos e um número maior de mariposas escuras nos ambientes poluídos.

Esses resultados apoiam a hipótese de que as mariposas camufladas têm mais chance de sobrevivência. Rory Howlett e Michael Majerus compararam também a predação das mariposas em troncos, ramos e regiões de sombra e observaram que, em regiões poluídas, mais formas claras foram pegas por pássaros do que formas escuras. Finalmente, a partir da década de 1960, a redução da poluição em algumas regiões industriais – incluindo Manchester – permitiu que os liquens crescessem novamente nas árvores (figura 7.7). Com isso, as mariposas claras tornaram-se novamente mais numerosas que as escuras.

7.7 Mariposas vivas fotografadas em locais naturais de pouso. **A** (cortesia de Michael Majerus): a redução da poluição nessa região (Cambridge) favorece o crescimento de liquens e o aumento da forma clara, como a da foto; **B** (cortesia de Michael Majerus): mariposa escura, que atingiu frequência maior que 90% nas regiões poluídas na década de 1960. Na região da foto (South London), a poluição está diminuindo e os liquens começam a crescer.

Aplique seus conhecimentos

Leia o texto abaixo e responda às questões.

Interpretando Darwin

No seu livro *A origem das espécies*, Charles Darwin refere que: "[...] uma mudança acidental no tamanho e na forma do corpo, ou na curvatura e tamanho da probóscide, pequena demais para ser notada por nós, poderia favorecer a abelha ou outro inseto, de tal maneira que um indivíduo com essa característica poderia conseguir seu alimento mais rapidamente e ter maior chance de sobreviver e deixar descendentes. Esses descendentes provavelmente herdariam essa tendência. [...] Assim, posso compreender como uma flor e a abelha podem, lentamente [...], modificar-se e tornar-se adaptadas umas às outras através da constante preservação de indivíduos que apresentam ligeiras modificações em sua estrutura".

1 Que fenômeno origina o que Darwin chama de "uma mudança acidental no tamanho e na forma do corpo"? Ele sabia explicar como mudanças desse tipo aparecem?

2 A que processo Darwin se refere no trecho "[...] um indivíduo com essa característica poderia conseguir seu alimento mais rapidamente e ter maior chance de sobreviver e deixar descendentes"?

Compreendendo o texto

1 Enuncie e analise as duas leis de Lamarck.

2 Que conceito foi desenvolvido por Darwin para explicar a evolução das espécies?

3 Que crítica pode ser feita ao darwinismo?

4 Quais as causas da mutação? Por que ela ocorre ao acaso?

5 Todas as mutações são hereditárias? Por quê?

6 Certa mutação provocada por radioatividade resulta em uma característica que dá resistência à radioatividade?

7 Qual a relação entre reprodução sexuada e variedade genética?

8 Explique o aparecimento de uma população de bactérias resistentes a um antibiótico.

9 De acordo com a teoria sintética da evolução, que fatores podem alterar a frequência dos genes de uma população?

10 Sabendo que a frequência de indivíduos **aa** de uma população é de 4%, determine a frequência dos alelos **A** e **a** e a frequência dos genótipos possíveis.

11 A frequência de um gene para um caráter dominante em uma população em equilíbrio é 0,20. Calcule a frequência de heterozigotos.

12 Qual é a importância da diversidade ambiental e do isolamento geográfico no processo evolutivo?

13 Quando podemos afirmar que duas populações se transformaram em duas espécies diferentes?

14 Conceitue deriva genética.

15 O que são e qual a importância dos fósseis?

16 O que é irradiação adaptativa?

17 Conceitue evolução convergente.

18 Qual a diferença entre órgãos homólogos e análogos? Cite exemplos.

19 O que a sequência de aminoácidos das proteínas pode indicar sobre a evolução?

Refletindo e concluindo

1 (Ufes) Os pesquisadores Robert Simmons e Lue Scheepers questionaram a visão tradicional de como a girafa desenvolveu um pescoço comprido. Observações feitas na África demonstraram que as girafas, que atingem alturas de 4 a 5 metros, geralmente se alimentam de folhas a 3 metros do solo. O pescoço comprido é usado como uma arma nos combates corpo a corpo pelos machos na disputa por fêmeas. As fêmeas também preferem acasalar com machos de pescoço grande. Esses pesquisadores argumentam que o pescoço da girafa ficou grande devido à seleção

sexual: machos com pescoços mais compridos deixavam mais descendentes do que machos com pescoços mais curtos. (SIMMONS & SCHEEPERS, 1996. *American Naturalist*, vol. 148, p. 771-86; adaptado.)

Sobre a visão tradicional de como a girafa desenvolve um pescoço comprido, é correto afirmar que:

a) na visão tradicional baseada em Darwin, a girafa adquire o pescoço comprido pela lei de uso e desuso. As girafas que esticam seus pescoços geram uma prole que já nasce de pescoço mais comprido, e, cumulativamente, através das gerações, o pescoço, em média, aumenta de tamanho.
b) na visão tradicional baseada em Lamarck, a girafa adquire o pescoço comprido com a sobrevivência diferencial de girafas. Aquelas com o pescoço comprido conseguem se alimentar de folhas inacessíveis às outras e deixam, portanto, mais descendentes.
c) na visão tradicional baseada em Lamarck, a girafa adquire o pescoço comprido pela lei de uso e desuso. Aquelas com o pescoço comprido conseguem se alimentar de folhas inacessíveis às outras e deixam, portanto, mais descendentes.
d) na visão tradicional baseada em Darwin, a girafa adquire o pescoço comprido com a sobrevivência diferencial de girafas. Aquelas com o pescoço comprido conseguem se alimentar de folhas inacessíveis às outras e deixam, portanto, mais descendentes.
e) na visão tradicional baseada em Darwin, a girafa adquire o pescoço comprido com a sobrevivência diferencial de girafas. As girafas que esticam seus pescoços geram uma prole que já nasce de pescoço mais comprido, e, cumulativamente, através das gerações, o pescoço, em média, aumenta de tamanho.

2 (UFPE-UFRPE) Um antibiótico pode perder a eficiência no combate a bactérias, principalmente, se usado de forma inadequada. Essa perda de eficiência pode ser justificada pela ocorrência de dois fatores:

a) migração e oscilação genética.
b) oscilação genética e especiação.
c) mutação e seleção.
d) mutação e irradiação adaptativa.
e) seleção e convergência adaptativa.

3 (UFMS) O gráfico a seguir representa uma população de mosquitos transmissores da dengue que foi submetida à aplicação continuada de inseticida durante vários meses.

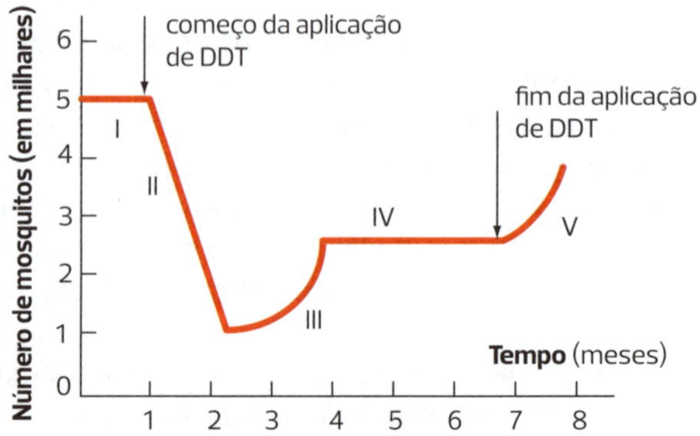

A seleção de organismos resistentes ao inseticida manifestou-se na parte:

a) I da curva.
b) II da curva.
c) III da curva.
d) IV da curva.
e) V da curva.

4 (PUC-SP) "Apesar de todos os alertas dos médicos, o uso de antibióticos de modo inadequado causa cada vez mais infecções resistentes [provocadas por bactérias]... Médicos sugerem que a melhor forma de combater o problema é usar os antibióticos sempre na dose prescrita e pelo tempo certo." (Revista *Veja*, n. 42, 2003.)

Com relação ao desenvolvimento das linhagens de bactérias resistentes a antibióticos referido no texto, assinale a afirmativa incorreta.

a) Por mutações ao acaso, surgem bactérias resistentes aos antibióticos.
b) Com a eliminação das bactérias sensíveis aos antibióticos, as bactérias mutantes proliferam dando origem a linhagens resistentes.
c) Ocorrem mutações nas bactérias para adaptá-las aos antibióticos, de modo que a resistência é transmitida a seus descendentes.
d) Ao matar as bactérias sensíveis, o antibiótico deixa disponíveis às bactérias resistentes os recursos do ambiente.
e) Com a utilização de antibióticos, bactérias resistentes são selecionadas.

5 (UFPR) A seleção natural é um dos principais fatores responsáveis pela evolução, juntamente com a mutação, a deriva genética e a migração genética. Para que a seleção natural ocorra em uma população, é imprescindível que haja:

a) diversidade da composição genética dos indivíduos da população.

b) alteração do meio ambiente, propiciando o favorecimento de alguns indivíduos da população.

c) informações genéticas anômalas que produzam doenças quando em homozigose.

d) disputa entre os indivíduos, com a morte dos menos aptos.

e) mutação em taxa compatível com as exigências ambientais.

6 (Fuvest-SP) Um determinado tipo de proteína, presente em praticamente todos os animais, ocorre em três formas diferentes: a forma **P**, a forma **PX**, resultante de mutação no gene que codifica **P**, e a forma **PY**, resultante de mutação no gene que codifica **PX**. A ocorrência dessas mutações pôde ser localizada nos pontos indicados pelos retângulos escuros na árvore filogenética, com base na forma da proteína presente nos grupos de animais I, II, III, IV e V.

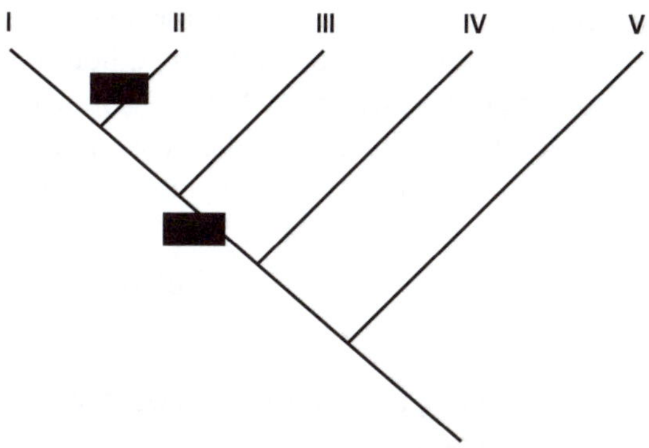

Indique a alternativa que mostra as proteínas encontradas nos grupos de animais I a V.

	Proteína P	Proteína PX	Proteína PY
a)	I, IV e V	III	II
b)	IV e V	I e III	II
c)	IV e V	II	I e III
d)	I e II	III	IV e V
e)	I e III	II	IV e V

7 (Unifesp) Segundo as ideias de Darwin, uma espécie selvagem transmite ao longo das gerações as características que lhe favorecem a sobrevivência em determinado ambiente. (*Veja*, 10/8/2005.)
Para que a afirmação seja verdadeira, é necessário que essas características sejam:

a) constantes na população, dominantes e estejam correlacionadas à sobrevivência do indivíduo.

b) afetadas pela seleção natural, genéticas e de maior frequência na população.

c) dominantes, proporcionem sucesso reprodutivo e apresentem alta variabilidade.

d) transmissíveis à descendência, inalteráveis pelo ambiente e estáveis nas gerações.

e) variáveis na população, herdáveis e estejam correlacionadas ao sucesso reprodutivo.

8 (PUC-SP) Uma barreira geográfica separou a população **A** em dois grupos designados por **A1** e **A2**. Com o decorrer do tempo **A1** e **A2** foram se diferenciando e deram origem, respectivamente, a duas populações designadas por **B1** e **B2**. Indivíduos de **B1** e **B2** foram levados para laboratório e, cruzados, produziram todos os descendentes estéreis e com sérios problemas genéticos.

Com relação à descrição acima, foram aventadas as seguintes hipóteses:

I **A1** e **A2** podem ter passado por estágios em que deram origem a subespécies.

II **B1** e **B2** podem ser duas espécies distintas.

III As proteínas produzidas por indivíduos das populações **A1** e **A2** devem apresentar maior semelhança entre si do que as produzidas por **B1** e **B2**.

Pode-se considerar:

a) apenas I e II viáveis.

b) apenas I e III viáveis.

c) apenas II e III viáveis.

d) I, II e III viáveis.

e) apenas uma delas viável.

9 (UFPE) G. H. Hardy e W. Weinberg postularam que, em uma população, sob condições especiais, as frequências dos alelos, e de cada genótipo, permanecem constantes geração após geração. Para que isso ocorra, segundo os referidos autores, é necessário que (indique as afirmativas verdadeiras e falsas):

( ) não haja pressão de seleção natural, uma vez que esta tende a selecionar determinados alelos em detrimento de outros, que podem desaparecer.

( ) não ocorram fluxos migratórios, os quais acarretam troca de alelos entre populações diferentes.

( ) os cruzamentos, nas populações, ocorram ao acaso, ou seja, as populações sejam pan--míticas.

( ) os novos alelos, que surjam por mutação, se incorporem rapidamente ao estoque gênico.

( ) nas populações demasiadamente pequenas, os cruzamentos sejam ao acaso, a partir de seu estabelecimento.

10 (UFPI) Em 1908, os cientistas Hardy e Weinberg formularam um teorema cuja importância está no fato de ele estabelecer um modelo para o comportamento dos genes nas populações naturais. Se os valores das frequências gênicas de uma população, observada ao longo de gerações, forem significativamente diferentes dos valores esperados através da aplicação do teorema, pode-se concluir corretamente que:

a) a população estudada é infinitamente grande, inviabilizando a aplicação do teorema.
b) não houve a atuação dos fatores evolutivos sobre a população.
c) a população encontra-se em equilíbrio genético.
d) a população está evoluindo, uma vez que as frequências gênicas foram alteradas.
e) os cruzamentos nessa população ocorrem ao acaso.

11 (UFSC) O quadro a seguir mostra a comparação do número de aminoácidos diferentes nas cadeias polipeptídicas da hemoglobina de vários mamíferos. A análise bioquímica de polipeptídios e proteínas, além de outras evidências, permite aos cientistas traçarem as linhas evolutivas dos diferentes grupos de seres vivos.

Espécies comparadas	Número de aminoácidos diferentes
homem × chimpanzé	0
homem × gorila	2
homem × macaco *Rhesus*	12
macaco *Rhesus* × gorila	14
homem × cavalo	43
cavalo × gorila	45

Com respeito ao quadro e às evidências da evolução dos seres vivos, assinale a(s) proposição(ões) correta(s).

(01) O fato de encontrarmos a enzima tripsina desde protozoários até mamíferos não serve como uma evidência bioquímica do processo evolutivo.
(02) Além do estudo das proteínas, o sequenciamento do DNA também permite estudos evolutivos.
(04) Quanto à hemoglobina, o quadro mostra que o gorila é uma espécie mais próxima do homem do que o chimpanzé.
(08) Análises cromossômicas também permitem traçar linhas evolutivas.
(16) Com relação à hemoglobina, o cavalo apresenta maior similaridade com o gorila do que com o homem.
(32) O fato de não haver diferenças entre a hemoglobina do chimpanzé e a do homem nos permite classificá-los como pertencentes ao mesmo gênero.

Dê a soma dos números correspondentes às proposições corretas.

12 (UFPI) Em uma população isolada e em equilíbrio, a frequência do gene causador do albinismo é 0,2. Qual a frequência de indivíduos albinos nessa população?

a) 0,2%
b) 4%
c) 8%
d) 10%
e) 20%

13 (Cesgranrio-RJ) Em uma determinada população a capacidade de enrolar a língua é determinada por um gene dominante **A**. Nessa mesma população foi observado que 64% das pessoas apresentam essa característica. A frequência esperada de indivíduos heterozigotos será de:

a) 10%.
b) 16%.
c) 36%
d) 48%
e) 70%

14 (Ufes) Com relação à evolução, observe as afirmativas abaixo.

I Fósseis são restos ou impressões deixadas por seres que habitaram a Terra no passado e constituem provas de que nosso planeta foi habitado por seres diferentes dos que existem atualmente.

II A explicação mais lógica para as semelhanças estruturais entre seres vivos com aspectos e modos de vida diferentes é que eles descendem de um mesmo ancestral.

III A semelhança entre as proteínas de diferentes seres vivos pode ser explicada admitindo que esses seres tenham tido um ancestral comum.

IV A teoria que admite que as espécies não se alteram no decorrer do tempo denomina-se fixismo.

Assinale:

a) se apenas I, II e III estiverem corretas.
b) se apenas II, III e IV estiverem corretas.
c) se apenas I, III e IV estiverem corretas.
d) se todas estiverem corretas.
e) se todas estiverem incorretas.

Questões para análise

1 (Fuvest-SP) Uma colônia de bactérias em que todos os indivíduos se originaram de uma única célula era incapaz de metabolizar lactose. Durante várias gerações, essas bactérias foram cultivadas em meio que continha glicose e lactose. Dessa cultura, foram retiradas duas amostras com quantidades iguais de células, que foram transferidas para novos meios de cultura: o meio **A** continha apenas glicose e o meio **B** apenas lactose como únicas fontes de carbono. O gráfico abaixo mostra as curvas de crescimento bacteriano nas culturas **A** e **B**.

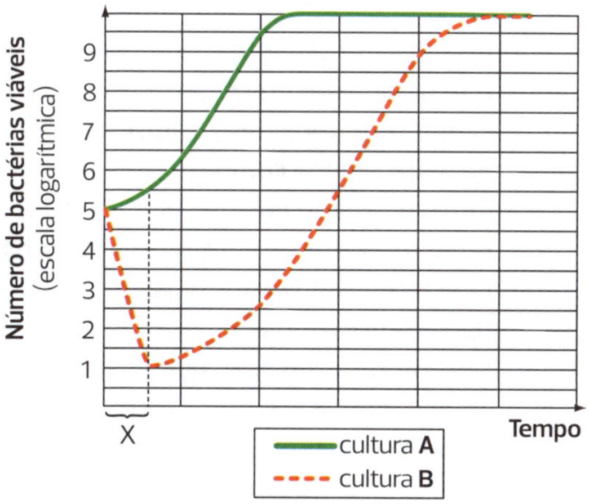

a) Como surgiram as bactérias capazes de sobreviver na cultura **B**?
b) Dê a razão para a diferença entre as curvas **A** e **B** no intervalo **X**.

2 (Unicamp-SP) O melanismo industrial tem sido frequentemente citado como exemplo de seleção natural. Esse fenômeno foi observado em Manchester, na Inglaterra, onde, com a industrialização iniciada em 1850, o ar carregado de fuligem e outros poluentes provocou o desaparecimento dos liquens de cor esbranquiçada que viviam no tronco das árvores. Antes da industrialização, esses liquens permitiam a camuflagem de mariposas da espécie *Biston betularia* de cor clara, que eram predominantes. Com o desaparecimento dos liquens e escurecimento dos troncos pela fuligem, as formas escuras das mariposas passaram a predominar.

a) Por que esse fenômeno pode ser considerado um exemplo de seleção natural?
b) Como a mudança ocorrida na população seria explicada pela teoria de Lamarck?

3 (Fuvest-SP) Devido ao aparecimento de uma barreira geográfica, duas populações de uma mesma espécie ficaram isoladas por milhares de anos, tornando-se morfologicamente distintas.

a) Explique sucintamente como as duas populações podem ter-se tornado morfologicamente distintas no decorrer do tempo.
b) No caso de as duas populações voltarem a entrar em contato pelo desaparecimento da barreira geográfica, o que indicaria que houve especiação?

4 (Vunesp-SP) Considere duas populações diferentes, 1 e 2, cada uma com 200 indivíduos diploides, portanto, com 400 alelos. A população 1 apresenta 90 indivíduos com genótipo **AA**, 40 indivíduos com genótipo **Aa** e 70 indivíduos com genótipo **aa**. A população 2 apresenta 45 indivíduos com genótipo **AA**, 130 indivíduos com genótipo **Aa** e 25 indivíduos com genótipo **aa**.

a) Qual a frequência dos alelos **A** e **a** em cada uma das populações?
b) Qual delas tem a maioria dos indivíduos homozigotos? Explique.

5 (Uerj) Segundo o teorema de Hardy-Weinberg, uma população ideal deve atingir o equilíbrio, ou estado estático, sem grandes alterações de seu reservatório genético. Em uma das ilhas do arquipélago de Galápagos, uma das condições estabelecidas por Hardy e Weinberg para populações ideais foi seriamente afetada por uma erupção vulcânica ocorrida há cerca de cem mil anos. Essa erupção teria diminuído drasticamente a população de jabutis gigantes da ilha.

a) Cite duas das condições propostas por Hardy e Weinberg para que o equilíbrio possa ser atingido.
b) Defina o conceito de evolução em função da frequência dos genes de uma população e indique de que forma a diminuição da população afetou a evolução dos jabutis gigantes.

6 (UFRJ) Alguns anfíbios possuem venenos que têm por base compostos químicos alcaloides. Os alcaloides obtidos a partir dessas espécies vêm sendo utilizados em pesquisas biomédicas, por causa de suas propriedades farmacológicas. Os cientistas acreditam que o conhecimento das relações evolutivas (filogenéticas) dos anfíbios pode auxiliar na escolha das espécies a serem estudadas na busca de novos alcaloides. A figura a seguir mostra as relações evolutivas entre cinco espécies de anfíbios. As espécies *Phyllobates terribilis* e *Epipedobates tricolor* apresentam alcaloides, enquanto a espécie *Rana palmipes* não possui esse tipo de substância.

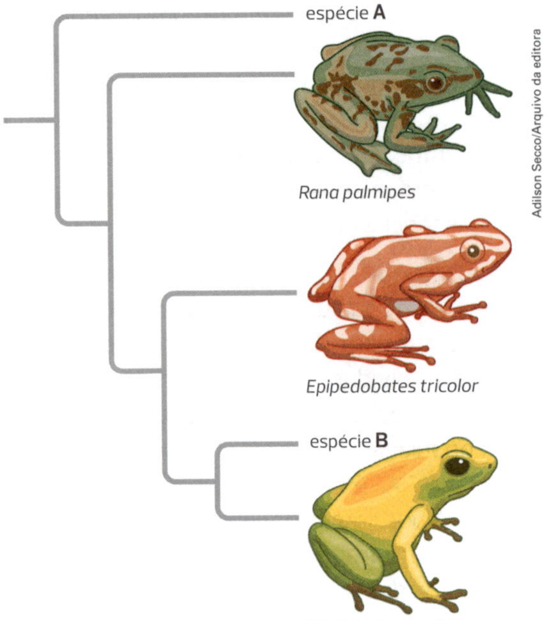

Identifique qual das duas espécies, **A** ou **B**, deveria ser estudada primeiro pelos cientistas na busca por alcaloides de interesse farmacológico. Justifique sua resposta.

7 (UnB-DF) Em uma população, um determinado gene apresenta-se em duas formas, a dominante e a recessiva, sendo 36% dos indivíduos recessivos. Considerando que tal população se encontre em equilíbrio genético, podendo-se, portanto, aplicar o Princípio de Hardy-Weinberg, calcule, em porcentagem, a frequência do referido gene na população. Despreze a parte fracionária de seu resultado, caso exista.

8 (Fuvest-SP) Os fatos abaixo estão relacionados ao processo de formação de duas espécies a partir de um ancestral:

I Acúmulo de diferenças genéticas entre as populações.
II Estabelecimento de isolamento reprodutivo.
III Aparecimento de barreira geográfica.

a) Qual é a sequência em que os fatos acima acontecem na formação das duas espécies?
b) Que mecanismos são responsáveis pelas diferenças genéticas entre as populações?
c) Qual é a importância do isolamento reprodutivo no processo de especiação?

9 (UFMG) Uma das hipóteses sobre a origem dos tentilhões atuais, existentes nas ilhas Galápagos, supõe que eles descendem de um único tipo de tentilhão ancestral, que emigrou do continente para as ilhas em épocas passadas. O esquema abaixo representa a evolução desses pássaros.

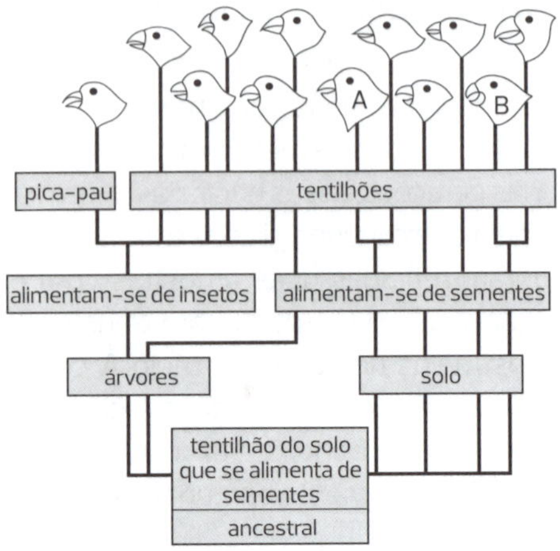

Com relação ao esquema:

a) Cite o nome do processo que levou ao aparecimento de todas as espécies atuais a partir de um ancestral comum.
b) Cite o processo que originou as variações notadas na forma e no tamanho dos bicos em diferentes ambientes ajustados a diferentes tipos de alimentos.
c) Cite os mecanismos que poderiam impedir as espécies **A** e **B** de se tornarem uma única espécie.
d) Conceitue um desses mecanismos.

Exame Nacional do Ensino Médio – Enem

1 "Os progressos da Medicina condicionaram a sobrevivência de número cada vez maior de indivíduos com constituições genéticas que só permitem o bem-estar quando seus efeitos são devidamente controlados através de drogas ou procedimentos terapêuticos. São exemplos os diabéticos e os hemofílicos, que só sobrevivem e levam vida relativamente normal ao receberem suplementação de insulina ou do fator VIII da coagulação sanguínea." (SALZANO, M. Francisco. *Ciência Hoje*, SBPC, *21*(125), 1996.)

Essas afirmações apontam para aspectos importantes que podem ser relacionados à evolução humana. Pode-se afirmar que, nos termos do texto:

a) os avanços da Medicina minimizam os efeitos da seleção natural sobre as populações.

b) os usos da insulina e do fator VIII da coagulação sanguínea funcionam como agentes modificadores do genoma humano.
c) as drogas medicamentosas impedem a transferência do material genético defeituoso ao longo das gerações.
d) os procedimentos terapêuticos normalizam o genótipo dos hemofílicos e diabéticos.
e) as intervenções realizadas pela Medicina interrompem a evolução biológica do ser humano.

2 O crescimento da população de uma praga agrícola está representado em função do tempo no gráfico a seguir, em que a densidade populacional superior a **P** causa prejuízo à lavoura. No momento apontado pela seta 1, um agricultor introduziu uma espécie de inseto que é inimigo natural da praga, na tentativa de controlá-la biologicamente. No momento indicado pela seta 2, o agricultor aplicou grande quantidade de inseticida, na tentativa de eliminar totalmente a praga.

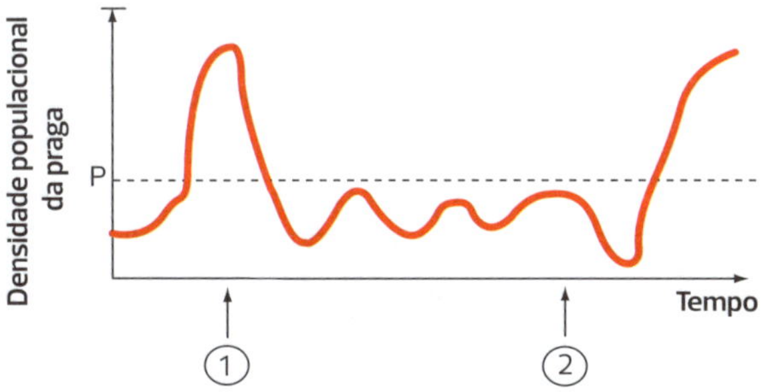

A análise do gráfico permite concluir que:
a) se o inseticida tivesse sido usado no momento marcado pela seta 1, a praga teria sido controlada definitivamente, sem necessidade de um tratamento posterior.
b) se não tivesse sido usado o inseticida no momento marcado pela seta 2, a população de praga continuaria aumentando rapidamente e causaria grandes danos à lavoura.
c) o uso do inseticida tornou-se necessário, uma vez que o controle biológico aplicado no momento 1 não resultou na diminuição da densidade da população da praga.
d) o inseticida atacou tanto as pragas quanto os seus predadores; entretanto, a população de pragas recuperou-se mais rápido voltando a causar dano à lavoura.
e) o controle de pragas por meio do uso de inseticidas é muito mais eficaz que o controle biológico, pois os seus efeitos são muito mais rápidos e têm maior durabilidade.

3 O que têm em comum Noel Rosa, Castro Alves, Franz Kafka, Álvares de Azevedo, José de Alencar e Frédéric Chopin? Todos eles morreram de tuberculose, doença que ao longo dos séculos fez mais de 100 milhões de vítimas. Aparentemente controlada durante algumas décadas, a tuberculose voltou a matar. O principal obstáculo para seu controle é o aumento do número de linhagens de bactérias resistentes aos antibióticos usados para combatê-la. Esse aumento do número de linhagens resistentes se deve a:
a) modificações no metabolismo das bactérias, para neutralizar o efeito dos antibióticos e incorporá-los à sua nutrição.
b) mutações selecionadas pelos antibióticos, que eliminam as bactérias sensíveis a eles, mas permitem que as resistentes se multipliquem.
c) mutações causadas pelos antibióticos, para que as bactérias se adaptem e transmitam essa adaptação a seus descendentes.
d) modificações fisiológicas nas bactérias, para torná-las cada vez mais fortes e mais agressivas no desenvolvimento da doença.
e) modificações na sensibilidade das bactérias, ocorridas depois de passarem um longo tempo sem contato com antibióticos.

4 As cobras estão entre os animais peçonhentos que mais causam acidentes no Brasil, principalmente na área rural. As cascavéis (*Crotalus*), apesar de extremamente venenosas, são cobras que, em relação a outras espécies, causam poucos acidentes a humanos. Isso se deve ao ruído de seu "chocalho", que faz com que suas vítimas percebam sua presença e as evitem. Esses animais só atacam os seres humanos para sua defesa e se alimentam de pequenos roedores e aves. Apesar disso, elas têm sido caçadas continuamente, por serem facilmente detectadas. Ultimamente os cientistas observaram que essas cobras têm ficado mais silenciosas, o que passa a ser um problema, pois, se as pessoas não as percebem, aumentam os riscos de acidentes. A explicação darwinista para o fato de a cascavel estar ficando mais silenciosa é que:
a) a necessidade de não ser descoberta e morta mudou seu comportamento.
b) as alterações no seu código genético surgiram para aperfeiçoá-la.
c) as mutações sucessivas foram acontecendo para que ela pudesse adaptar-se.
d) as variedades mais silenciosas foram selecionadas positivamente.
e) as variedades sofreram mutações para se adaptarem à presença de seres humanos.

capítulo 8

A história dos seres vivos

Os movimentos das massas continentais, juntando-se ou separando-se, as transformações de climas quentes em frios e de secos em úmidos, a formação de cadeias de montanhas e a destruição de outras por erosão são algumas das mudanças que provocaram a extinção de espécies e a formação de outras.

Para facilitar o estudo da evolução da vida, costuma-se dividir a história em **éons**, **eras**, **períodos** e **épocas**. Veja o quadro abaixo; a primeira era corresponde à atual, retrocedendo-se até a época em que a Terra se formou.

Éon	Era	Período	Época	**Início** (milhões de anos atrás)
Fanerozoico	Cenozoica	Quaternário	Holoceno (atual)	0,15
			Pleistoceno	1,8
		Terciário	Plioceno	6
			Mioceno	23,7
			Oligoceno	36,6
			Eoceno	57,8
			Paleoceno	65
	Mesozoica	Cretáceo		144
		Jurássico		206
		Triássico		251
	Paleozoica	Permiano		300
		Carbonífero		354
		Devoniano		409
		Siluriano		439
		Ordoviciano		510
		Cambriano		543
Proterozoico				2 500
Arqueano				4 000
Hadeano				4 600

Os éons Proterozoico, Arqueano e Hadeano são reunidos informalmente na divisão conhecida como "Pré-Cambriano".

1 Origem da vida: primeiras teorias

Uma das primeiras hipóteses acerca da origem da vida foi a da **geração espontânea** ou **abiogênese** (*a* = sem; *bío* = vida; *genese* = origem), segundo a qual a vida poderia surgir de matéria sem vida. Essa hipótese era supostamente comprovada pelo surgimento de moscas na carne em decomposição, de ratos em trapos sujos, etc.

O cientista Francesco Redi (1626-1698) foi o primeiro a questionar essa hipótese. Ele colocou carne e outros alimentos em vários vidros, mantendo alguns cobertos com gaze e deixando outros abertos. Se apenas a carne fosse suficiente para a formação de larvas, estas deveriam aparecer em todos os vidros. Após alguns dias, porém, surgiram larvas somente nos vidros abertos, o que permitiu concluir que as larvas se originaram de ovos depositados por moscas e não por abiogênese (figura 8.1).

Redi generalizou suas conclusões afirmando que todos os seres vivos vêm sempre de outros seres vivos; era a teoria da **biogênese**. Mas os defensores da geração espontânea afirmaram que, para seres simples, como os micróbios, a hipótese ainda era verdadeira.

Em 1862, o cientista francês Louis Pasteur (1822-1895) ferveu caldo de carne e conseguiu conservá-lo estéril por muito tempo em um vidro cujo formato, embora permitisse a entrada de ar (o que, segundo os defensores da geração espontânea, era essencial para que microrganismos surgissem da matéria sem vida), impedia que a poeira penetrasse no caldo. Depois de vários meses, fez com que o caldo entrasse em contato com a poeira e surgiram microrganismos no líquido. Estava definitivamente derrubada a teoria da geração espontânea (figura 8.2).

8.1 **Experimento de Redi.**

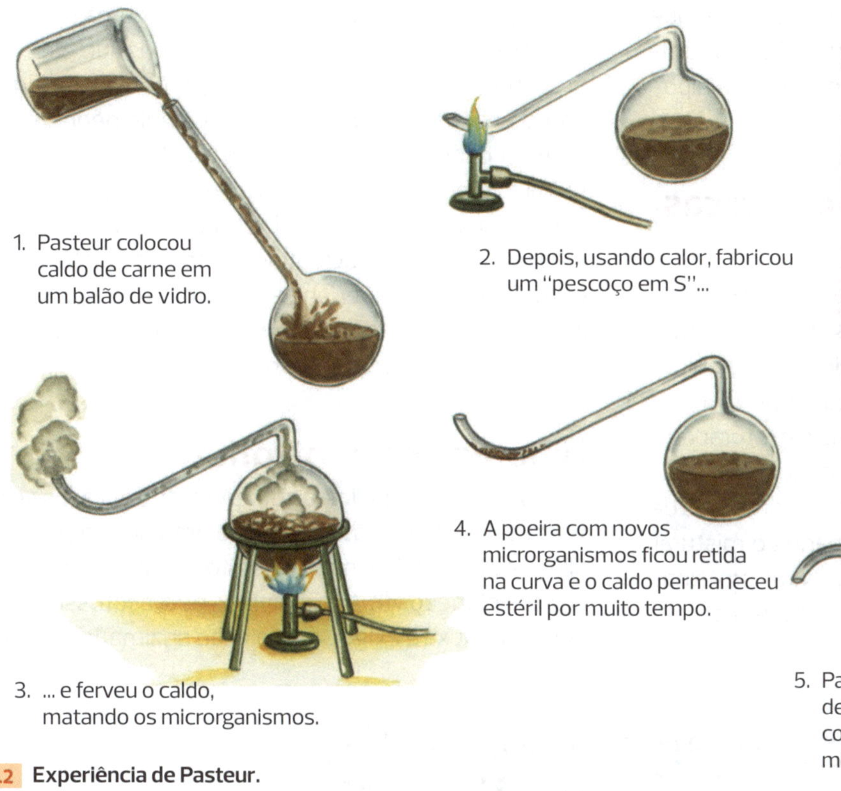

Louis Pasteur.

8.2 **Experiência de Pasteur.**

2 Teoria de Oparin e Haldane

Na década de 1930, trabalhando de forma independente, os cientistas Aleksandr I. Oparin (russo; 1894-1980) e John B. S. Haldane (escocês; 1892-1964) chegaram à mesma conclusão: nas condições da Terra primitiva, a vida poderia ter surgido da matéria sem vida ao longo de um grande período de tempo.

Evidências geológicas e o estudo comparado da atmosfera de outros planetas permitem concluir que a atmosfera da Terra era composta de gases diferentes dos atuais. Oparin achava que participavam da mistura gasosa o metano (CH_4), o amoníaco (NH_3), o hidrogênio (H_2) e o vapor de água (H_2O). Com esses gases teriam sido formadas as primeiras moléculas orgânicas.

Várias evidências indicam que praticamente não existia oxigênio livre na atmosfera primitiva. Se estivesse presente desde o início, esse gás teria oxidado e destruído os primeiros compostos orgânicos, impedindo-os de se acumular e originar os primeiros seres vivos. Outros cientistas pensam que devia haver também monóxido de carbono (CO), sulfeto de hidrogênio (H_2S) e gás carbônico (CO_2).

As fortes descargas elétricas das tempestades e os raios ultravioleta do Sol teriam representado uma fonte de energia, que teria promovido, ao longo do tempo, as mais variadas reações químicas entre as substâncias da atmosfera. Em virtude do longo tempo disponível, podemos supor que se formou uma incalculável quantidade de substâncias, das mais diversas qualidades, até mesmo moléculas orgânicas simples, como álcoois, aminoácidos e açúcares, constituídas por pequenas cadeias de carbono.

Em 1953, o cientista americano Stanley Miller (1930-2007) simulou as condições que supunha ocorrer na Terra primitiva e testou experimentalmente a hipótese de Oparin e Haldane. Ele construiu um aparelho no qual colocou hidrogênio, amoníaco e metano e submeteu essa mistura a fortes descargas elétricas, ao mesmo tempo que fornecia vapor de água. Após uma semana de funcionamento, constatou no líquido formado a presença de compostos orgânicos, até mesmo de aminoácidos. Essa experiência não chega a provar que foi exatamente assim que ocorreu a formação dos compostos orgânicos, mas apoia, em vez de negar, a hipótese apresentada (figura 8.3).

Formação de moléculas orgânicas complexas

As moléculas orgânicas simples teriam sido arrastadas da atmosfera para o mar pelas chuvas. No mar elas teriam se reunido e originado moléculas orgânicas complexas, como proteínas e polissacarídeos.

Sabe-se que proteínas aquecidas e misturadas à água fria podem agrupar-se e formar pequenas gotas, chamadas de **microsferas**. Outro tipo de aglomerado de moléculas orgânicas foi obtido por Oparin ao misturar ácido a uma solução de proteínas em água: as proteínas se aproximam e formam aglomerados visíveis ao microscópio óptico, os **coacervados**.

O coacervado ou a microsfera que tivesse aprisionado proteínas enzimáticas e uma molécula de ácido nucleico (originada das sínteses de moléculas orgânicas da atmosfera primitiva) seria considerado o primeiro ser vivo. Ele seria capaz de realizar metabolismo, de reproduzir-se, de apresentar hereditariedade e de evoluir.

A duplicação do DNA e seu controle da síntese de proteínas são mecanismos muito complexos, que exigem a participação de grande número de enzimas. Por isso é pouco provável que os primeiros genes fossem feitos de DNA.

Alguns cientistas acham mais provável que o primeiro gene fosse feito de RNA ou de alguma molécula semelhante e mais simples. Hoje sabemos que, além das proteínas, moléculas de RNA também podiam funcionar como enzimas (**ribozimas**). Embora hoje nenhum tipo de RNA consiga se replicar sem auxílio de enzimas, o químico americano David Bartel e seus colaboradores conseguiram produzir em laboratório um RNA capaz de catalisar a união de nucleotídeos e formar um trecho de outro RNA. Essa experiência não prova que algo semelhante tenha acontecido na origem da vida, mas incentiva pesquisas nesse sentido.

Hipótese heterotrófica

Ao que tudo indica, a nutrição autotrófica (os seres vivos sintetizam suas moléculas orgânicas a partir do alimento inorgânico) não era muito adequada aos organismos pioneiros (muito simples), pois a fotossíntese é bem complexa e exige uma coleção enzimática variada.

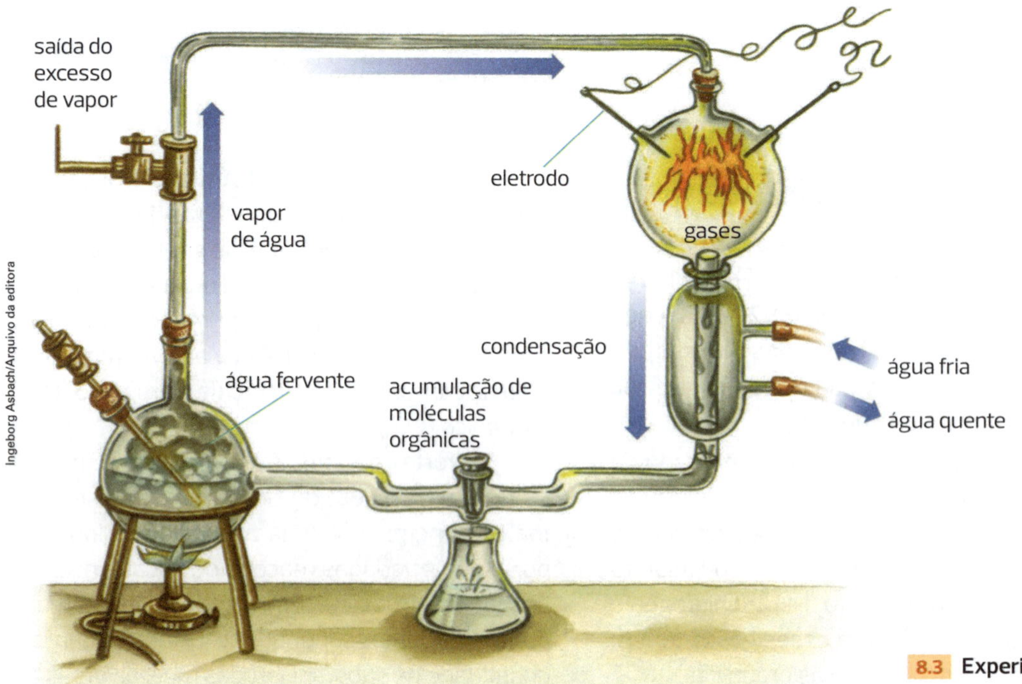

8.3 **Experiência de Miller.**

Segundo a **hipótese heterotrófica**, os primeiros seres vivos deveriam apresentar nutrição sapróbia (conseguiam alimento pela absorção de moléculas orgânicas simples dos mares primitivos). A respiração aeróbia, utilizada hoje pela maioria dos seres vivos, exige a participação de oxigênio livre, para extrair energia da glicose, e de uma coleção enzimática muito ampla, pois o número de reações químicas é muito maior que na fermentação. Nos mares e na atmosfera primitiva não existia oxigênio livre e a coleção enzimática dos seres pioneiros era pequena. Logo, é mais provável que os primeiros seres vivos conseguissem energia por meio de um processo anaeróbio, como a fermentação.

Com o passar do tempo, as condições ambientais da Terra se modificaram. À medida que os gases da atmosfera se transformavam em moléculas orgânicas simples, sua quantidade diminuía. Esse fato e o resfriamento da Terra, reduzindo a frequência de tempestades, fizeram diminuir a síntese de moléculas orgânicas. Com isso, a quantidade de alimento para os heterotróficos diminuiu.

Enquanto o ambiente se modificava, os seres vivos sofriam mutações e surgiram organismos autotróficos, capazes de realizar fotossíntese, sintetizando as substâncias orgânicas que formam seu organismo a partir de substâncias minerais.

O fato de o alimento dissolvido no mar diminuir cada vez mais lhes trazia uma grande vantagem: eles não dependiam de substâncias orgânicas escassas e, consequentemente, tinham maior possibilidade de sobrevivência. Assim, pela seleção natural, aumentavam de número na população.

Com a atividade dos autotróficos, uma nova modificação foi imposta ao ambiente, que passou a ter o oxigênio livre em sua composição química. Com o tempo e em consequência de mutações, surgiram seres vivos capazes de usar esse gás (respiração aeróbia). Esse tipo de respiração, com maior produção de energia que a fermentação, foi vantajoso e espalhou-se na população.

Os primeiros seres vivos deviam ter uma estrutura muito simples, semelhante à dos atuais procariontes. Com o tempo, surgiram seres com células mais complexas, os eucariontes. Algumas dessas células podem ter se reunido e formado colônias e, a partir daí, originado os primeiros seres pluricelulares.

Parte do oxigênio atmosférico foi transformada em ozônio, que, com o tempo, formou uma camada no alto da atmosfera. Essa camada representa uma proteção importante para os seres vivos atuais, pois filtra os raios ultravioleta.

3 Outras teorias sobre a origem da vida

Muitos cientistas apontam vários problemas na teoria de Miller, entre eles o fato de que a superfície do planeta ainda sofria o bombardeio de meteoritos e outros corpos celestes, além de erupções vulcânicas constantes. Uma alternativa seria que os primeiros seres vivos teriam aparecido no fundo dos oceanos, ao redor de fontes ou fendas hidrotermais, espécies de chaminés de água quente e compostos minerais aquecidos pelo magma.

Para esses cientistas as arqueobactérias que vivem nessas fontes seriam os descendentes dos primeiros seres vivos do planeta. Assim, a vida não teria surgido na superfície dos mares a partir de uma "sopa" de moléculas orgânicas. Mas essa teoria também apresenta problemas, pois as moléculas complexas poderiam ser degradadas ou hidrolisadas nas temperaturas altas das fendas. Em todo caso, se ela for verdadeira, os primeiros seres não eram heterotróficos, mas quimioautotróficos.

Outra teoria é a de que existe vida em outras partes do universo e que germes ou esporos extraterrestres tenham originado a vida na Terra. É a **teoria da panspermia** (*pan* = todo; *sperma* = semente). Uma variante dessa teoria defende a ideia de que a vida na Terra surgiu não a partir de germes ou esporos, mas de compostos orgânicos trazidos por cometas, meteoritos ou asteroides. O interior do corpo celeste poderia ter protegido esses compostos do intenso calor produzido pela fricção com a atmosfera. O problema é que, mesmo que alguns desses compostos tivessem resistido, é duvidoso que esses corpos celestes tenham trazido matéria orgânica suficiente para a evolução da vida até o aparecimento dos primeiros autotróficos.

4 Evolução dos animais

Os primeiros invertebrados viviam exclusivamente no mar, não possuíam esqueleto e, por isso, deixaram poucos fósseis.

No período Cambriano apareceram animais com esqueleto duro e há um grande aumento na diversidade de fósseis. Em um intervalo de 10 milhões a 25 milhões de anos, aparecem representantes de vários filos atuais: é a chamada **explosão cambriana**. Nesse período eram comuns os **trilobitas**, invertebrados semelhantes aos crustáceos. Esse grupo se extinguiu no fim daquele período. Surgiram também vários organismos muito diferentes das espécies atuais, que não podem ser classi-

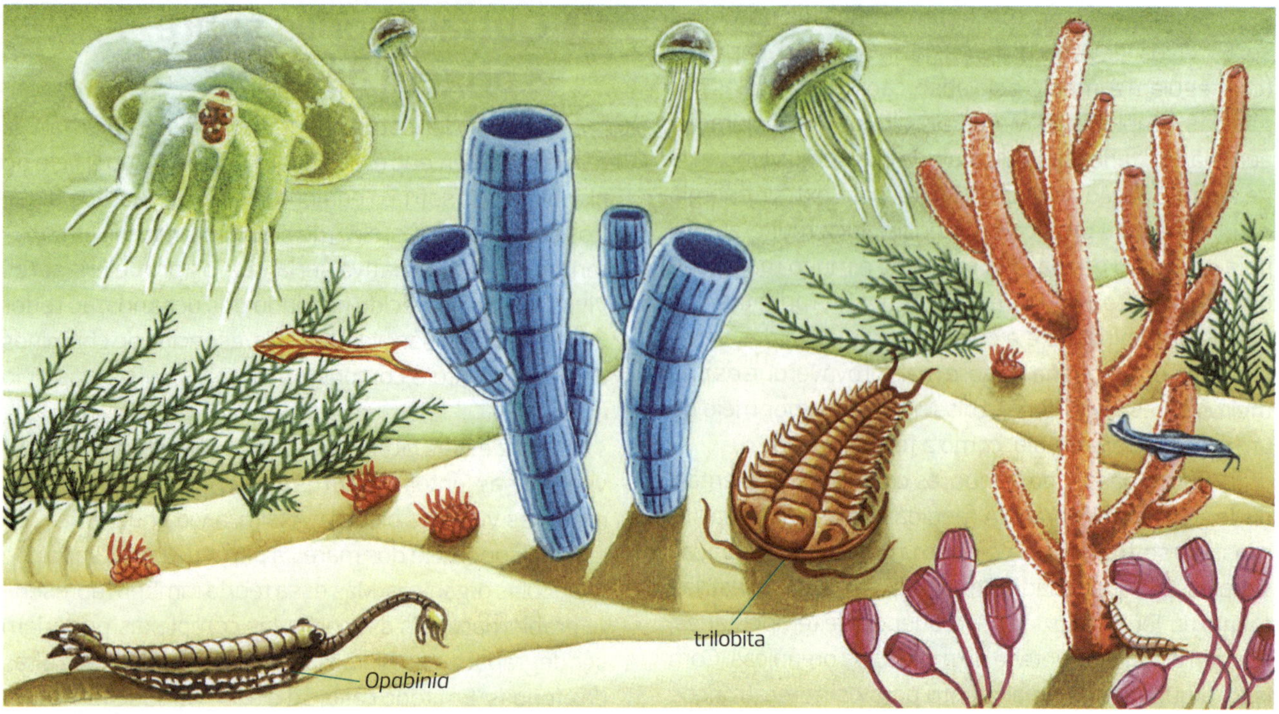

8.4 **Animais do Cambriano. Alguns, semelhantes a esponjas e anêmonas, viviam fixos no fundo do mar. Outros eram artrópodes rastejantes, como os trilobitas. Outros, ainda, como a *Opabinia*, eram muito diferentes dos invertebrados atuais.**

ficados em nenhum dos filos hoje existentes (figura 8.4). No fim do período Cambriano, houve uma extinção em massa: 85% das espécies desapareceram.

Os artrópodes foram os primeiros animais invertebrados a conquistar a terra, no período Siluriano, que começou há cerca de 439 milhões de anos, depois que algumas plantas já estavam estabelecidas nesse ambiente. O grupo de artrópodes mais bem-sucedido na conquista da terra firme foi o dos insetos, que surgiu no Devoniano.

Peixes

Os primeiros representantes dos peixes surgiram no Cambriano. Os primeiros fósseis, os ostracodermos, pertencem à classe dos ágnatos, peixes sem mandíbulas e nadadeiras, cujo corpo estava protegido por placas ósseas (figura 8.5). Absorviam pela boca material em suspensão na água e expulsavam a água filtrada pelas brânquias. Os descendentes atuais dos primitivos ágnatos são as lampreias (figura 8.6).

A classe dos placodermos (figura 8.7) surgiu no Siluriano, a partir dos ágnatos primitivos. Possuíam uma armadura óssea protetora, que envolvia a região da cabeça, e a boca apresentava mandíbula. O desenvolvimento de mandíbulas permitiu a eles atacar e morder animais de seu próprio tamanho. Portanto, eram predadores muito ativos. Surgiram nesse grupo pares de nadadeiras móveis, que funcionavam como remos e conferiam maior velocidade ao animal.

Depois, apareceram a classe dos condrictes (tubarão e raia) e a dos osteíctes. Estes se originaram de peixes dotados de bolsas, que funcionavam como pulmões primitivos e complementavam a respiração branquial, o que permitia aos peixes de água doce resistir às longas estações secas do período Devoniano respirando fora da água. O grupo que permaneceu com esse pulmão originou os atuais peixes pulmonados ou dipnoicos, como a piramboia, e os crossopterígeos, com um representante atual, o celacanto. Em outros, a bolsa evoluiu para a bexiga natatória, que ajuda na flutuação do peixe. A piramboia é encontrada nas regiões pantanosas do Brasil, sobretudo na Amazônia; em épocas de seca, ela cava buracos no fundo dos rios e respira pelo pulmão primitivo. Os crossopterígeos possuem nadadeiras lobadas (com a forma de lobo, arredondada), musculosas e dotadas de um reforço ósseo interno. Foi desses órgãos que evoluíram as patas dos anfíbios, os primeiros vertebrados a conquistar a terra.

Anfíbios e répteis

Os primeiros anfíbios devem ter surgido de um grupo de crossopterígeos. No período Devoniano, quando pântanos e lagoas sofreram secas periódicas, as pa-

8.5 Ostracodermos: à esquerda, *Hemicyclaspis*; à direita, *Pteraspir*.

John Paling/Oxford Scientific Films

Ilustrações: Ingeborg Asbach/Arquivo da editora

8.6 **A**: lampreia sugando o sangue de um peixe; **B**: detalhe da boca mostrando os dentes e a língua.

8.7 Placodermos: à esquerda, *Dunkleosteus*, um dos maiores peixes da época (chegava a medir 9 m); à direita, *Cladoselache*, que media cerca de 1 m.

tas, associadas a um pulmão primitivo, foram vantajosas, pois permitiram que os crossopterígeos se locomovessem para locais onde havia água doce. Maiores que os atuais, os primeiros anfíbios multiplicaram-se no período Carbonífero.

Os répteis desenvolveram-se dos anfíbios durante aquele período, que foi seguido pelo Permiano. Frio e seco, esse período favoreceu o domínio dos répteis, os primeiros vertebrados a resistirem a climas secos. Essa adaptação se deve ao fato de seus pulmões serem bem desenvolvidos, com dobras que aumentam a superfície de contato com o oxigênio. Por isso sua pele pode ter uma cobertura impermeável, que impede a desidratação. Além disso, a fecundação é interna e o ovo, provido de casca, fornece proteção, suporte e alimento ao embrião. Este está mergulhado em uma bolsa de água, que impede sua desidratação.

Dos primeiros répteis surgiram: os terapsidas, que originaram os mamíferos; os ictiossauros e os plesiossauros (répteis aquáticos); os tecodontes, dos quais se originaram os dinossauros, os pterossauros (répteis alados) e as aves. De outros grupos de répteis surgiram os quelônios (tartarugas, jabutis e cágados), as cobras, os crocodilos e os lagartos.

Dinossauros

No fim do período Permiano, houve a maior extinção em massa de espécies na história do planeta: cerca de 90% das espécies desapareceram. É provável que a causa tenham sido as grandes mudanças climáticas: formaram-se as maiores geleiras da história, o nível dos mares caiu bastante e aqueles mais rasos secaram.

No início da era Mesozoica, o nível dos oceanos voltou a subir e o clima ficou mais quente. Os répteis diversificaram-se e, no fim do Triássico, apareceram os primeiros dinossauros. No período seguinte (Jurássico), surgiram os maiores dinossauros de todos os tempos. No Cretáceo, os dinossauros gigantes foram substituídos por herbívoros menores e surgiu um dos maiores carnívoros da Terra, o tiranossauro, e outros menores, como o velocirraptor, que caçava em grupo. No fim desse período ocorreu outra grande extinção em massa, e desapareceram várias espécies de invertebrados, algas e répteis, incluídos os dinossauros.

Existem várias teorias sobre a extinção dos dinossauros. Para alguns cientistas o movimento dos continentes provocou mudanças nas correntes marítimas e no clima do planeta; a temperatura baixou e os invernos tornaram-se rigorosos. Mas a teoria mais aceita é a que supõe a queda na superfície da Terra de um asteroide com cerca de 10 km de diâmetro. A poeira e as cinzas levantadas pelo choque e a atividade vulcânica resultante impediram a passagem da luz do Sol por vários anos. A Terra ficou escura e fria, e muitas plantas morreram. A falta de alimento causou a morte de animais herbívoros e dos carnívoros que deles se alimentavam.

Essa teoria ganhou grande apoio quando, em 1990, um grupo de cientistas encontrou no México uma enorme cratera com cerca de 179 km de diâmetro, o que reforçou a ideia de que realmente um enorme meteorito se chocara contra a Terra. Estudos geológicos indicaram que o impacto teria ocorrido há 65 milhões de anos, época da extinção dos dinossauros. A descoberta de grande concentração de irídio em rochas do Cretáceo também reforça essa hipótese, pois esse elemento é raro na Terra, mas muito comum em meteoritos.

Biologia e ficção

É possível recriar dinossauros?

A opção de clonagem de animais extintos aparece no filme *Parque dos dinossauros*, dirigido por Steven Spielberg: o DNA é extraído do sangue de dinossauros presente no estômago de mosquitos fósseis, que morreram logo após terem sugado o sangue desses animais e foram preservados em âmbar (uma resina de algumas árvores). Depois, ele é implantado na célula-ovo de uma ave ou de outro animal.

Há vários fatores que tornam bastante improvável recriar animais extintos. O DNA começa a se decompor logo após a morte do organismo e fragmenta-se em milhares de pedaços. Os cientistas já conseguiram extrair um pequeno fragmento de DNA de fósseis de gorgulho (um inseto) preso em âmbar – mas era DNA do próprio inseto. No máximo, restariam apenas pequenos trechos de genes – e para isso o animal teria de morrer logo após ter sugado o sangue do dinossauro, pois a digestão quebra o DNA em suas unidades constituintes.

Ainda há o problema de conseguir separar os fragmentos de DNA de um possível dinossauro dos fragmentos de DNA do próprio inseto ou de outra espécie de animal, visto que o inseto pode ter sugado o sangue de outro dinossauro, por exemplo. Se usássemos genes de outro animal para completar os pedaços que estivessem faltando, não teríamos nenhuma garantia de produzir um dinossauro.

Outro problema é que, mesmo que conseguíssemos um conjunto completo de genes, esse conjunto teria de ser colocado em uma célula-ovo de dinossauro para que funcionassem corretamente. Isso porque os genes têm de ser ativados e regulados por substâncias do citoplasma da célula-ovo específicas da espécie que está sendo clonada. Seria pouco provável que genes de dinossauros funcionassem adequadamente quando colocados em ovos de outras espécies.

Além disso, mesmo que fosse possível recriar esses animais, eles estariam vivendo em um ambiente diferente do original. Estariam expostos a uma alimentação e ao contato com germes que não existiam na época. Por exemplo, animais herbívoros não encontrariam as plantas exatas das quais se alimentavam. E a quantidade de comida para alimentar animais tão grandes seria fabulosa. Seria difícil que gigantes herbívoros conseguissem alimento suficiente em uma ilha como a do filme.

Por fim, o filme serve de alerta para a intervenção do ser humano, por meio da biotecnologia ou da ciência em geral, na natureza sem pensar nas consequências perigosas de suas ações.

Aves e mamíferos

Uma das evidências de que as aves podem ter evoluído de um grupo de pequenos dinossauros carnívoros são marcas de penas nos fósseis de alguns dinossauros. Mesmo sem servirem para o voo, as penas poderiam ajudar a evitar a perda de calor do corpo (figura 8.8).

Uma das aves mais antigas é o arqueópterix, cujo fóssil data de 150 milhões de anos, do período Jurássico (figura 8.8). Mais ou menos do tamanho de um pombo, ele apresentava penas, mas ainda possuía dentes e uma longa cauda, características dos répteis. No entanto, não é considerado um ancestral direto das aves.

Antes das aves, no Triássico, há cerca de 240 milhões de anos, surgiram, dos terapsidas, os primeiros mamíferos; eles lembram os musaranhos, os menores mamíferos atuais (figura 8.9). Alimentavam-se de insetos e deviam ter hábitos noturnos. Apenas após a extinção dos dinossauros, os mamíferos puderam espalhar-se pelos mais variados ambientes.

5 Evolução das plantas

As primeiras plantas terrestres devem ter surgido de um grupo ancestral de algas verdes. Os longos períodos de seca ocorridos no fim do Siluriano podem ter sido um fator de seleção natural que favoreceu as plantas com adaptações ao meio terrestre. Essas adaptações seriam, principalmente, a presença de cutícula impermeável no organismo e nos esporos e a capacidade de retirar água e sais minerais do solo e de transportá-los rapidamente para todo o organismo através de vasos condutores de seiva.

As primeiras plantas vasculares foram as psilófitas, cujos fósseis datam do fim do Siluriano. Durante o período Devoniano surgiram os primeiros bosques, compostos de ancestrais dos musgos e das samambaias, plantas que se reproduzem por esporos. Os vegetais com sementes e pólen desenvolveram-se no Devoniano e se diversificaram no Carbonífero. Desta segunda época há fósseis de plantas semelhantes às samambaias, mas em forma de árvores.

Talvez tenha sido dessa linha de plantas que surgiram as primeiras gimnospermas, representadas pelas coníferas (pinheiros), que dominaram a era Mesozoica. Esse domínio foi favorecido pelos climas mais secos dessa era. Como o gametófito dessas plantas não tem vida independente, o grão de pólen é transportado pelo vento e a fecundação não depende da água. Além disso, a semente se encarrega da dispersão da planta.

No Cretáceo, surgiram as angiospermas, que dominam o ambiente terrestre até hoje. O desenvolvimento de flores, a polinização por insetos, a adaptação a vários climas e a presença de frutos (que facilitam a dispersão das sementes) garantem o predomínio das angiospermas sobre as coníferas, de crescimento e expansão mais lentos.

Chris Butler/Science Photo Library

Mehau Kulyk/Science Photo Library

8.8 **Um dinossauro com penas (*Velociraptor mongoliensis*, acima) ataca um arqueópterix. Na foto à esquerda, fóssil de arqueópterix.**

Ilustrações: Luis Moura/Arquivo da editora

Tatu-gigante (gênero *Glyptodon*), com cerca de 3 m de comprimento.

Preguiça-gigante (gênero *Megatherium*), com cerca de 6 m de comprimento.

Mamute (gênero *Mammuthus*), com 3 m a 4 m de altura.

Anthony Bannister/Gallo Images/Corbis

Musaranho.

mamífero primitivo

Tigre-dentes-de-sabre (gênero *Smilodon*), com 3 m de comprimento e caninos com 20 cm.

Macrauquênia (gênero *Macrauchenia*, que significa "grande lhama"), com cerca de 3 m de altura.

8.9 Observe a semelhança entre o musaranho (na foto) e o mamífero primitivo. Muitas das formas que surgiram com a diversificação dos primeiros mamíferos estão extintas.

Aplique seus conhecimentos

História condensada da Terra

Em seu livro *Os dragões do Éden* (Lisboa, Gradiva, 1997), Carl Sagan condensa, em um ano, toda a história do Universo, que teria se formado há 15 bilhões de anos por causa de uma grande explosão (*big-bang*).

Nesse "calendário cósmico", a vida na Terra teria surgido em 25 de setembro. Os primeiros vertebrados apareceram em 19 de dezembro; às 22h 30min do último dia do ano surgiram os primeiros representantes do gênero humano (*Homo habilis*) e, às 23h 58min 40s, surgiu o homem de Cro-Magnon (figura 8.10).

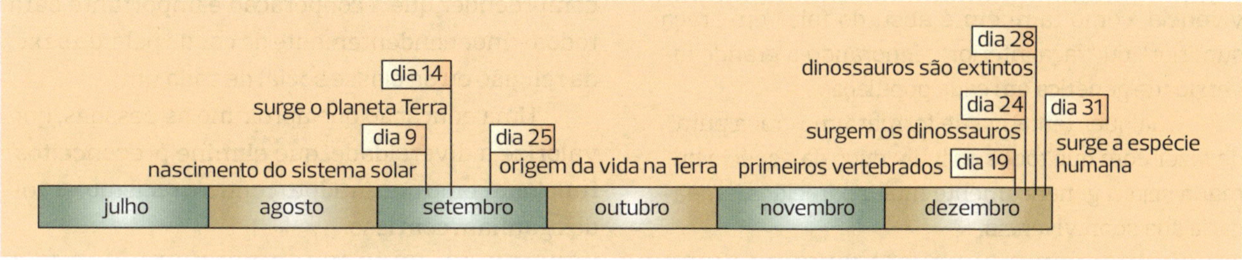

8.10 História condensada da Terra em um ano.

Biologia e ética

O ser humano e a evolução

Não é possível explicar todas as características humanas em termos evolutivos. Primeiro, porque nossa espécie não está sujeita apenas à evolução biológica, mas também à evolução cultural. Com o desenvolvimento de um cérebro complexo, que nos dá grande capacidade de aprendizagem, houve desenvolvimento também da linguagem, da cultura e da consciência. Mais do que outras espécies, somos capazes de prever as consequências de nossos atos. Isso significa que podemos, conscientemente, escolher como devemos viver.

Segundo, porque a ciência não pode nem pretende responder a todas as perguntas que o ser humano propõe. Existem outras formas de conhecimento que respondem a perguntas diferentes acerca do mundo. Para o evolucionista Stephen Jay Gould, a ciência estuda o mundo natural e não o nosso universo moral: "O estado real do Universo, seja ele qual for, não pode nos ensinar como devemos viver e o que nossas vidas devem significar, pois essas questões éticas de valor e significado pertencem a campos diferentes da vida humana, como a Religião, a Filosofia e os estudos humanistas" (em Carl Zimmer, *O livro de ouro da evolução*, Rio de Janeiro: Ediouro, 2003, p. 15).

Biologia e sociedade

Raças na espécie humana?

Para afirmar que duas populações pertencem a raças ou subespécies diferentes, tem de haver certo número de características genéticas que, em conjunto, sejam exclusivas de uma das populações ou, pelo menos, bem mais frequentes em uma população do que na outra.

No caso da espécie humana, a diferença genética entre as populações é muito pequena. Entre duas pessoas escolhidas ao acaso, a diferença entre seus genes é de apenas 0,1%, independentemente da origem geográfica ou étnica. Então, cerca de 99,9% dos genes são idênticos em todos os indivíduos e, nessa diferença de 0,1%, a maior parte (cerca de 95%) ocorre entre indivíduos de uma mesma população, e sobram apenas 5% de variação entre grupos. Isso significa que pode haver mais diferenças genéticas entre dois europeus brancos do que entre um europeu e um africano, por exemplo. Assim, não é possível dividir a espécie humana em raças porque a variabilidade genética dentro de um grupo é maior que a variabilidade entre dois grupos.

Do ponto de vista biológico, não faz sentido falar em raças, uma vez que não houve entre os indivíduos da espécie humana atual isolamento geográfico por tempo suficiente para formar raças ou subespécies. Na realidade, há apenas uma raça humana. A ideia de "raça pura" é não apenas absurda, em relação à espécie humana, como indesejável, pois a variedade genética em uma espécie é importante para a sua sobrevivência, como também é absurdo falar em "raça superior" ou "raça inferior", ignorando a grande diversidade genética em cada população.

Qualquer tentativa de formar uma "raça pura", de fazer com que todos os indivíduos da espécie humana sejam geneticamente muito parecidos, ameaçaria sua sobrevivência.

O racismo, isto é, a ideia de que há raças superiores a outras, não tem base científica. Ele serviu apenas de pretexto para justificar a dominação e a exploração de um grupo por outro. Além de injusta, essa atitude discriminatória acaba levando à violência e à intolerância. Por isso o racismo deve ser combatido com leis severas.

É importante ainda lembrar que nós, da espécie humana, somos capazes de, conscientemente, compreender que a cooperação é importante para todos – independentemente da cor da pele, do sexo, da religião ou da classe social de cada um.

Uma educação que aproxime as pessoas, que valorize a diversidade, que elimine preconceitos, funciona como um antídoto contra o racismo – e todos ganham com isso.

Aplique seus conhecimentos

Leia o texto abaixo e responda às questões.

Meteorito de Marte

Em 1996 foi encontrado na Antártida um meteorito com 4,5 bilhões de anos e cerca de 2 kg, vindo de Marte. O meteorito continha cristais com propriedades magnéticas que teriam sido formados por organismos vivos. Essas estruturas indicariam que em Marte já houve vida (pelo menos de bactérias). No entanto, outros cientistas acham que ainda faltam provas para confirmar essa hipótese, pois os cristais podem ter sido produzidos de forma inorgânica.

As primeiras naves espaciais que chegaram a Marte, na década de 1970, realizaram um experimento para testar a presença de vida naquele solo. Um robô procurou detectar se, de um punhado de terra, havia a liberação de dois gases. Que gases seriam esses e o que eles poderiam indicar?

Compreendendo o texto

1 Explique a teoria da geração espontânea ou abiogênese.

2 Descreva a experiência de Pasteur. Por que foi importante, nessa experiência, manter o tubo aberto?

3 Como poderiam ter se formado moléculas orgânicas simples a partir dos gases da atmosfera primitiva?

4 Por que o fato de alguns seres vivos terem se tornado capazes de usar a energia luminosa para fabricar moléculas teria sido vantajoso para eles?

5 Qual foi a modificação causada pelos autotróficos na atmosfera primitiva?

6 Indique a diferença entre os ágnatos e os placodermos.

7 Quais foram as principais adaptações necessárias à sobrevivência das primeiras plantas terrestres?

8 Cite algumas características do *Australopithecus*, do *Homo habilis*, do *Homo erectus* e do homem de Cro-Magnon.

Atividade em grupo

Formem grupos e escolham um dos temas abaixo para pesquisar.

a) A importância da viagem de Darwin a bordo do navio Beagle para a teoria da evolução.

b) Extinções em massa: causas, consequências, períodos em que ocorreram. Explique por que alguns cientistas acham que podemos estar entrando em um período de extinção em massa.

c) Características dos fósseis de hominídeos e de possíveis ancestrais humanos descobertos mais recentemente: *Orrorin tugenensis*, *Homo floresiensis*, *Sahelanthropus tchadensis*, *Ardipithecus ramidus*, entre outros.

Refletindo e concluindo

1 (Cefet-PR) A experiência de Stanley Miller, sobre a origem da vida, demonstrou que:

a) os aminoácidos são moléculas orgânicas.
b) os aminoácidos são essenciais à vida.
c) grandes tempestades ocorreram na Terra primitiva.
d) o vapor de água pode se formar nas condições da Terra primitiva.
e) moléculas orgânicas puderam se formar nas condições da Terra primitiva.

2 (Vunesp-SP) Uma vez que não temos evidência por observação direta de eventos relacionados à origem da vida, o estudo científico desses fenômenos difere do estudo de muitos outros eventos biológicos. Em relação a estudos sobre a origem da vida, apresentam-se as afirmações seguintes:

I Uma vez que esses processos ocorreram há bilhões de anos, não há possibilidade de realização de experimentos, mesmo em situações simuladas, que possam contribuir para o entendimento desses processos.

II Os trabalhos desenvolvidos por Oparin e Stanley Miller ofereceram pistas para os cientistas na construção de hipóteses plausíveis quanto à origem da vida.

III As observações de Oparin sobre coacervados ofereceram indícios sobre um processo que se constituiu, provavelmente, em um dos primeiros passos para a origem da vida, qual seja, o isolamento de macromoléculas do meio circundante.

Em relação a essas afirmações, podemos indicar como correta(s):

a) I, apenas.
b) II, apenas.
c) I e II, apenas.
d) II e III, apenas.
e) I, II e III.

3 (PUC-SP) Na figura a seguir, temos representado um aparelho projetado por Stanley Miller, no início da década de 1950. Por esse aparelho circulavam metano, amônia, vapor de água e hidrogênio e, através da energia fornecida por descarga elétrica, produtos de reações químicas, como aminoácidos, carboidratos e ácidos graxos, eram coletados no alçapão.

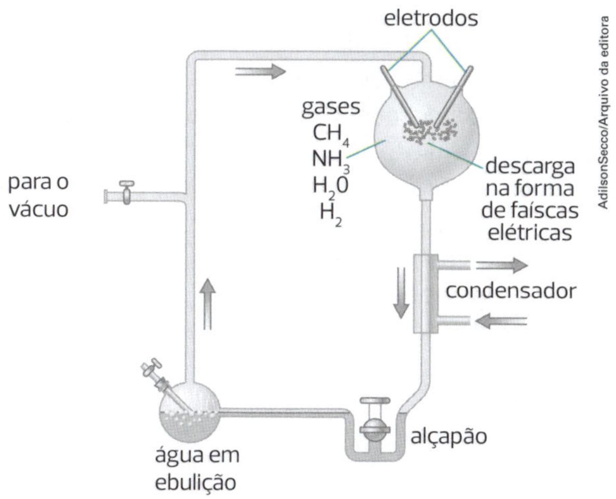

Através desse experimento, Miller testou a hipótese de que, na atmosfera primitiva, pela ação de raios:

a) compostos orgânicos puderam se formar a partir de moléculas simples.
b) compostos inorgânicos puderam se formar a partir de moléculas orgânicas.
c) compostos inorgânicos e orgânicos puderam originar os primeiros seres vivos.
d) macromoléculas puderam se formar a partir de moléculas orgânicas simples.
e) coacervados puderam se formar a partir de moléculas inorgânicas.

4 (UnB-DF) Em um balão de vidro com gargalo recurvado e aberto, Pasteur ferveu um caldo nutritivo, deixando-o esfriar lentamente. O caldo permaneceu inalterado por muitos dias. A seguir o gargalo foi removido e, 48 horas depois, era evidente a presença de bactérias e fungos no caldo. Assinale as afirmativas corretas referentes ao experimento descrito.

a) As bactérias e fungos do ar foram incapazes de passar ao longo do gargalo e atingir o caldo nutritivo após seu resfriamento.
b) O aquecimento matou as bactérias e fungos primitivamente existentes no caldo.
c) As bactérias e fungos que apareceram no caldo eram de espécies diferentes daquelas que ocorrem no ar.
d) O aquecimento inativou, temporariamente, as substâncias do caldo capazes de originar bactérias e fungos.

e) Os sinais evidentes da presença de bactérias e fungos no caldo nutritivo foram consequência da multiplicação rápida desses microrganismos.
f) Todo ser vivo procede de outro ser vivo.
g) Bactérias e fungos são autótrofos.

5 (PUC-SP) Considere os seguintes eventos relativos à origem da vida:

I aparecimento do processo de fermentação
II formação de coacervados
III aparecimento dos processos de fotossíntese e respiração aeróbia
IV estabelecimento do equilíbrio entre heterótrofos e autótrofos

A ordem lógica em que esses eventos ocorreram é:

a) I – II – III – IV.
b) I – II – IV – III.
c) II – I – III – IV.
d) II – III – IV – I.
e) IV – III – II – I.

6 (Vunesp-SP) Segundo a teoria de Oparin, a vida na Terra poderia ter sido originada a partir de substâncias orgânicas formadas pela combinação de moléculas, como metano, amônia, hidrogênio e vapor de água, que compunham a atmosfera primitiva da Terra. A esse processo seguiram-se a síntese proteica nos mares primitivos, a formação dos coacervados e o surgimento das primeiras células. Considerando os processos de formação e as formas de utilização dos gases oxigênio e dióxido de carbono, a sequência mais provável dos primeiros seres vivos na Terra foi:

a) autotróficos, heterotróficos anaeróbicos e heterotróficos aeróbicos.
b) heterotróficos anaeróbicos, heterotróficos aeróbicos e autotróficos.
c) autotróficos, heterotróficos aeróbicos e heterotróficos anaeróbicos.
d) heterotróficos anaeróbicos, autotróficos e heterotróficos aeróbicos.
e) heterotróficos aeróbicos, autotróficos e heterotróficos anaeróbicos.

7 (Unifesp) "Ave brasileira" conviveu com dinossauros. Com essa manchete, o jornal *Folha de S.Paulo* (11.8.2005) relata a descoberta, no interior do estado de São Paulo, de fósseis de aves que seriam tão antigas quanto os dinossauros. Caso esse fato se confirme, podemos afirmar corretamente que:

a) essa descoberta revoluciona o conhecimento sobre a evolução dos vertebrados. Até agora, admitia-se que as aves surgiram a partir dos dinossauros e, portanto, não poderiam ter convivido com eles.
b) a descoberta é revolucionária por derrubar a teoria de que as aves descendem dos répteis. Como ambos conviveram num mesmo período, passa-se então a postular que aves tenham descendido diretamente de um grupo mais antigo, possivelmente dos peixes pulmonados.
c) essa convivência derruba a informação mais aceita atualmente de que o Brasil é um dos poucos países do mundo em que não há indícios da presença de dinossauros no passado. Até o momento, não foi localizado fóssil algum desses répteis em nosso território.
d) existe certa inadequação na manchete. O fato de os fósseis serem tão antigos quanto os dinossauros não prova que houve convivência entre aves e esses répteis, principalmente porque as evidências de dinossauros em nosso território são ainda fracas.
e) a informação é interessante por se tratar de ave brasileira; porém, não é novidade que as aves conviveram com alguns dinossauros. Várias teorias apontam para o fato de que possivelmente aves e algum grupo de dinossauros tenham tido um ancestral comum.

8 (UFRGS-RS) No ano 2000, pesquisadores da Universidade da Carolina do Norte (EUA) divulgaram, pela primeira vez, a descoberta de um coração fossilizado, com quatro cavidades, pertencente a um dinossauro, "Willo", que viveu há 66 milhões de anos. A preservação dessa rara evidência anatômica veio somar-se às feições osteológicas observadas nos esqueletos fósseis de dinossauros. Isso reforça a hipótese filogenética de que, dos grupos citados nas alternativas, os mais estreitamente relacionados com os dinossauros são:

a) os lagartos e os crocodilos.
b) os anfíbios e as aves.
c) os crocodilos e as aves.
d) as tartarugas e os mamíferos.

9 (UFMG) Observe esta representação de parte de uma árvore evolutiva:

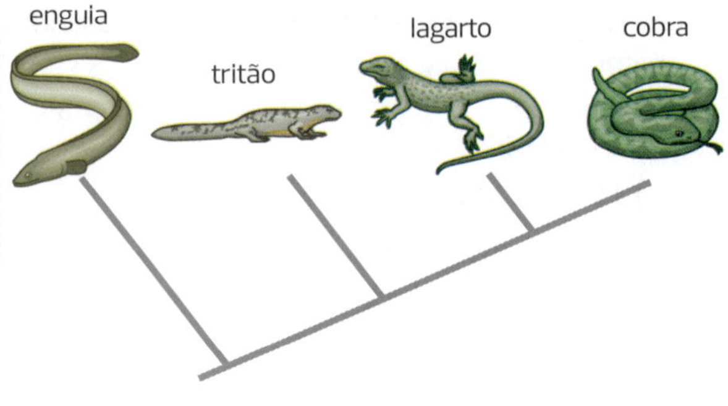

Adilson Secco/Arquivo da editora

Com base nessa representação, é incorreto afirmar que:

a) a enguia, o tritão, o lagarto e a cobra possuem ancestral comum.
b) a especiação dos lagartos foi anterior à do tritão.
c) as cobras são mais aparentadas com os lagartos que com as enguias.
d) parentes distantes, nessa árvore, podem apresentar semelhanças fenotípicas.

10 (PUC-RS) Registros, encontrados na África, de ossadas fósseis de *Australopithecus* (do latim *australos* = do sul + *pithecus* = macaco) são evidências de que o homem teve sua origem evolutiva nesse continente. A teoria da origem africana propõe que o ser humano moderno (*Homo sapiens*) surgiu há cerca de 130 mil anos na África e dispersou-se por outros continentes há cerca de 100-60 mil anos.

Árvore filogenética da linhagem do homem moderno

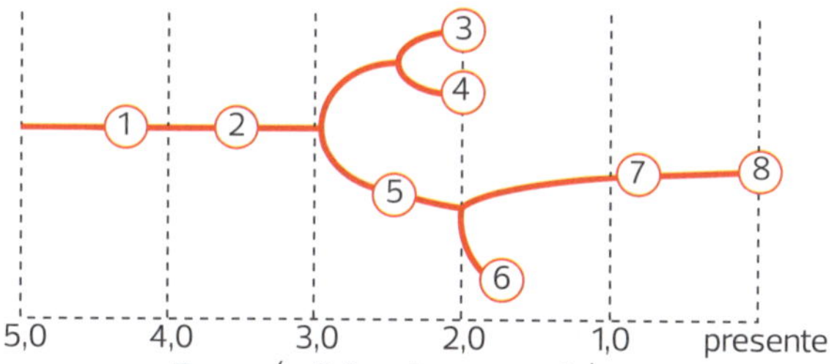

1) *Australopithecus anamensis*
2) *Australopithecus afarensis*
3) *Australopithecus boisei*
4) *Australopithecus robustus*
5) *Australopithecus garhi*
6) *Homo habilis*
7) ______________
8) *Homo sapiens*

Evidências científicas indicam atualmente a árvore filogenética da linhagem do homem moderno conforme a representação acima, na qual o número 7 corresponde à espécie:

a) *Homo neanderthalensis.*
b) *Australopithecus habilis.*
c) *Australopithecus erectus.*
d) *Australopithecus sapiens.*
e) *Homo erectus.*

11 (Ufscar-SP) Considere as seguintes características da espécie *Homo sapiens*:

I ausência de cauda
II presença de vértebras
III coração com quatro cavidades
IV endotermia (homotermia)

A ordem cronológica mais provável de ocorrência desses eventos ao longo da história evolutiva dos cordados foi:

a) I, II, III e IV.
b) I, III, II e IV.
c) II, III, IV e I.
d) II, IV, I e III.
e) III, IV, II e I.

12 (UFPI) A evolução biológica, amplamente aceita pelos cientistas, é a melhor explicação para a enorme variação dos organismos vivos. No entanto, muitas pessoas leigas ainda se sentem confusas em relação à teoria da evolução. Assinale a alternativa que melhor responderia, com base na teoria de Darwin, à seguinte indagação cética: "Se o homem veio do macaco, por que ainda existem macacos hoje?"

a) Algumas espécies de macacos sofreram pressões seletivas diferentes, porém certamente convergirão também para a espécie humana.
b) O homem não evoluiu dos macacos modernos, mas compartilhou com eles um ancestral comum, uma espécie que não existe mais.
c) Os macacos modernos, apesar de pertencerem a espécies diferentes da humana, possuem carga genética muito semelhante.
d) Os macacos modernos são produtos de uma evolução inacabada enquanto o homem já atingiu seu ápice.
e) Os macacos modernos certamente não chegaram a cruzar com os humanos.

13 (FGV-SP) É comum que os livros e meios de comunicação representem a evolução do *Homo sapiens* a partir de uma sucessão progressiva de espécies, como na figura.

Adilson Secco/Arquivo da editora

Coloca-se na extrema esquerda da figura as espécies mais antigas, indivíduos curvados, com braços longos e face simiesca. Completa-se a figura adicionando, sempre à direita, as espécies mais recentes: os australopitecus quase que totalmente eretos, os neandertais, e finaliza-se com o homem moderno. Essa representação é:

a) adequada. A evolução do homem deu-se ao longo de uma linha contínua e progressiva.

Cada uma das espécies fósseis já encontradas é o ancestral direto de espécies mais recentes e modernas.

b) adequada. As espécies representadas na figura demonstram que os homens são descendentes das espécies mais antigas e menos evoluídas da família: gorila e chimpanzé.

c) inadequada. Algumas das espécies representadas na figura estão extintas e não deixaram descendentes. A evolução do homem seria melhor representada inserindo-se lacunas entre uma espécie e outra, mantendo-se na figura apenas as espécies ainda existentes.

d) inadequada. Algumas das espécies representadas na figura podem não ser ancestrais das espécies seguintes. A evolução do homem seria melhor representada como galhos de um ramo, com cada uma das espécies ocupando a extremidade de cada um dos galhos.

e) inadequada. As espécies representadas na figura foram espécies contemporâneas e, portanto, não deveriam ser representadas em fila. A evolução do homem seria melhor representada com as espécies colocadas lado a lado.

14 (UFPE) Em relação à evolução do homem, indique as proposições corretas.

a) O gênero *Homo* tem como ancestrais os australopitecos.

b) Os primeiros homens anatomicamente idênticos ao homem atual, provavelmente, surgiram há mais de 500 000 anos.

c) Todos os fósseis atribuídos a ancestrais do homem são de gêneros diferentes.

d) O desenvolvimento da capacidade de comunicação propiciou a evolução cultural.

e) O *Homo sapiens* se relaciona estreitamente com chimpanzés e gorilas.

15 (Vunesp-SP) A especiação do *Homo sapiens* tem pouca chance de ocorrer, considerando a atual condição da espécie humana. Assinale a afirmação que melhor sustenta essa hipótese.

a) A ciência moderna tem eliminado as mutações humanas.

b) Os medicamentos atuais diminuem a incidência de doenças.

c) Os postulados de Darwin não se aplicam à espécie humana.

d) As alterações ambientais que favorecem a especiação são cada vez menores.

e) Os meios modernos de locomoção e comunicação têm diminuído ou eliminado os isolamentos geográficos.

16 (Mack-SP) Na figura abaixo, que mostra a filogenia de alguns grupos de primatas, incluindo o homem, é incorreto afirmar que:

a) os quatro grupos tiveram um ancestral comum.

b) o homem evoluiu a partir do chimpanzé.

c) o chimpanzé é mais próximo (evolutivamente) do homem do que o gorila.

d) o chimpanzé é mais próximo (evolutivamente) do homem do que do orangotango.

e) o gorila é mais próximo (evolutivamente) do orangotango do que o chimpanzé.

Questões para análise

1 (Unicamp-SP) Em 1953, Miller e Urey realizaram experimentos simulando as condições da Terra primitiva: supostamente altas temperaturas e atmosfera composta pelos gases metano, amônia, hidrogênio e vapor de água, sujeita a descargas elétricas intensas. A figura a seguir representa o aparato utilizado por Miller e Urey em seus experimentos.

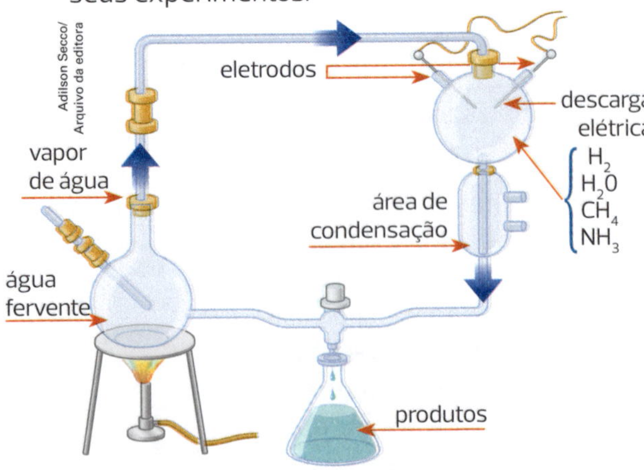

a) Qual a hipótese testada por Miller e Urey nesse experimento?

b) Cite um produto obtido que confirmou a hipótese.

c) Como se explica que o O_2 tenha surgido posteriormente na atmosfera?

2 (Unicamp-SP) "Ouvintes de rádio em pânico tomam drama de guerra como verdade." Com essa manchete, o jornal *New York Times* de 1º de novembro de 1938 relatou o que aconteceu nos Estados Unidos na noite anterior, quando foi narrada pela rádio CBS uma história fictícia sobre invasão por marcianos de uma pequena cidade do estado de Nova Jersey. Marte sempre fascinou os cientistas porque, mesmo que lá não existam homenzinhos verdes, esse planeta parece apresentar, entre os do sistema solar, as condições mais propícias à vida. Recentemente foram enviadas sondas espaciais para procurar indícios de vida em Marte.

a) Comparando com a origem da vida na Terra, indique que condições seriam fundamentais para o surgimento de vida em Marte.

b) Supondo que uma sonda espacial tenha trazido de Marte dois organismos, um deles classificado como pertencente ao reino Monera e o outro ao reino Protista, explique como os cientistas puderam diferenciar esses dois organismos.

Exame Nacional do Ensino Médio – Enem

1 Nas recentes expedições espaciais que chegaram ao solo de Marte, e através dos sinais fornecidos por diferentes sondas e formas de análise, vem sendo investigada a possibilidade da existência de água naquele planeta. A motivação principal dessas investigações, que ocupam frequentemente o noticiário sobre Marte, deve-se ao fato de que a presença de água indicaria, naquele planeta:

a) a existência de um solo rico em nutrientes e com potencial para a agricultura.

b) a existência de ventos, com possibilidade de erosão e formação de canais.

c) a possibilidade de existir ou ter existido alguma forma de vida semelhante à da Terra.

d) a possibilidade de extração de água visando ao seu aproveitamento futuro na Terra.

e) a viabilidade, em futuro próximo, do estabelecimento de colônias humanas em Marte.

2 Na solução aquosa das substâncias orgânicas prebióticas (antes da vida), a catálise produziu a síntese de moléculas complexas de toda a classe, inclusive proteínas e ácidos nucleicos. A natureza dos catalisadores primitivos que agiam antes não é conhecida. É quase certo que as argilas desempenharam papel importante: cadeias de aminoácidos podem ser produzidas no tubo de ensaio mediante a presença de certos tipos de argila. (...) Mas o avanço verdadeiramente criativo – que pode, na realidade, ter ocorrido apenas uma vez – ocorreu quando uma molécula de ácido nucleico "aprendeu" a orientar a reunião de uma proteína, que, por sua vez, ajudou a copiar o próprio ácido nucleico. Em outros termos, um ácido nucleico serviu como modelo para a reunião de uma enzima que poderia então auxiliar na produção de mais ácido nucleico. Com esse desenvolvimento apareceu o primeiro mecanismo potente de realização. A vida tinha começado. (Adaptado de: LURIA, S. E. *Vida*: experiência inacabada. Belo Horizonte-São Paulo: Itatiaia-Edusp, 1979.)

Considere o esquema abaixo:

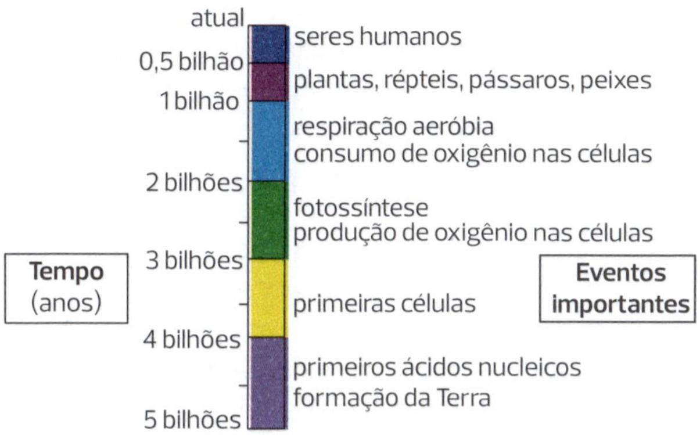

Adaptado de: Gepeq – Grupo de Pesquisa em Educação Química-USP. *Interações e transformações III – Atmosfera*: fonte de materiais extrativos e sintéticos. São Paulo: Edusp, 1998.

O "avanço verdadeiramente criativo" citado no texto deve ter ocorrido no período (em bilhões de anos) compreendido aproximadamente entre:

a) 5,0 e 4,5.

b) 4,5 e 3,5.

c) 3,5 e 2,0.

d) 2,0 e 1,5.

e) 1,0 e 0,5.

3 Pesquisas recentes estimam o seguinte perfil da concentração de oxigênio (O_2) atmosférico ao longo da história evolutiva da Terra:

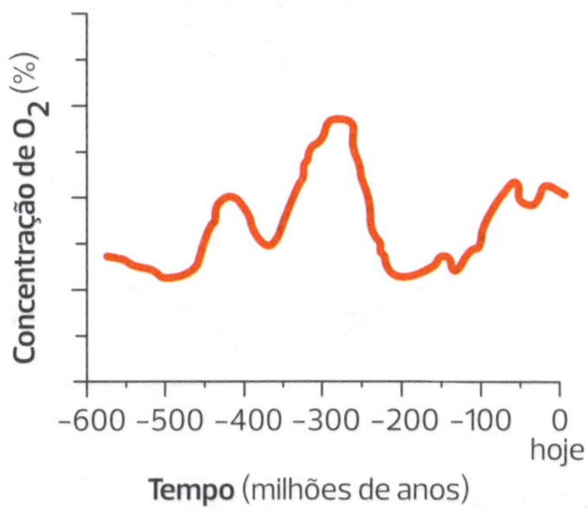

No período Carbonífero, entre aproximadamente 350 e 300 milhões de anos, houve uma ampla ocorrência de animais gigantes, como, por exemplo, insetos voadores de 45 centímetros e anfíbios de até 2 metros de comprimento. No entanto, grande parte da vida na Terra foi extinta há cerca de 250 milhões de anos, durante o período Permiano. Sabendo que o O_2 é um gás extremamente importante para os processos de obtenção de energia em sistemas biológicos, conclui-se que:

a) a concentração de nitrogênio atmosférico se manteve constante nos últimos 400 milhões de anos, possibilitando o surgimento de animais gigantes.
b) a produção de energia dos organismos fotossintéticos causou a extinção em massa no período Permiano por aumentar a concentração de oxigênio atmosférico.
c) o surgimento de animais gigantes pode ser explicado pelo aumento da concentração de oxigênio atmosférico, o que possibilitou uma maior absorção de oxigênio por esses animais.
d) o aumento da concentração de gás carbônico (CO_2) atmosférico no período Carbonífero causou mutações que permitiram o aparecimento de animais gigantes.
e) a redução da concentração de oxigênio atmosférico no período Permiano permitiu um aumento da biodiversidade terrestre por meio da indução de processos de obtenção de energia.

4 Foi proposto um novo modelo de evolução dos primatas elaborado por matemáticos e biólogos. Nesse modelo o grupo de primatas pode ter tido origem quando os dinossauros ainda habitavam a Terra, e não há 65 milhões de anos, como é comumente aceito.

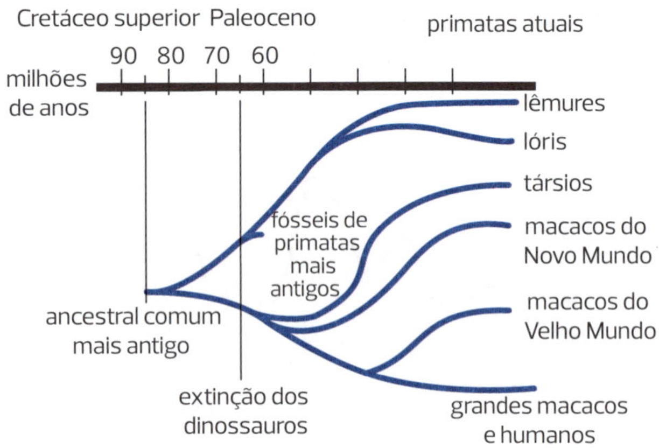

Fonte: Raquel Aguiar, *Ciência Hoje on-line*, 13/5/2002.

Examinando essa árvore evolutiva podemos dizer que a divergência entre os macacos do Velho Mundo e o grupo dos grandes macacos e de humanos ocorreu há aproximadamente:

a) 10 milhões de anos.
b) 40 milhões de anos.
c) 55 milhões de anos.
d) 65 milhões de anos.
e) 85 milhões de anos.

5 Uma expedição de paleontólogos descobre em um determinado extrato geológico marinho uma nova espécie de animal fossilizado. No mesmo extrato, foram encontrados artrópodes xifosuras e trilobitas, braquiópodos e peixes ostracodermos e placodermos. O esquema a seguir representa os períodos geológicos em que esses grupos viveram.

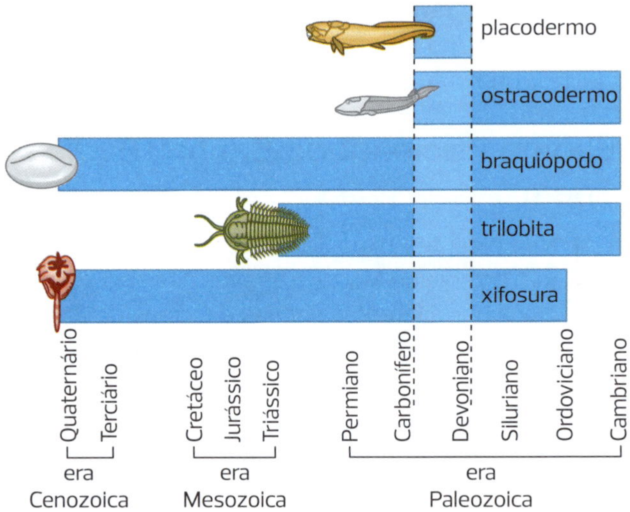

Observando esse esquema os paleontólogos concluíram que o período geológico em que haviam encontrado essa nova espécie era o Devoniano, tendo ela uma idade estimada entre 405 milhões e 345 milhões de anos. Destes cinco grupos de animais que estavam associados à nova espécie, aquele que foi determinante para a definição do período geológico em que ela foi encontrada é:

a) xifosura, grupo muito antigo, associado a outros animais.
b) trilobita, grupo típico da era Paleozoica.
c) braquiópodo, grupo de maior distribuição geológica.
d) ostracodermo, grupo de peixes que só aparece até o Devoniano.
e) placodermo, grupo que só existiu no Devoniano.

6 As áreas numeradas no gráfico mostram a composição em volume, aproximada, dos gases na atmosfera terrestre, desde a sua formação até os dias atuais.

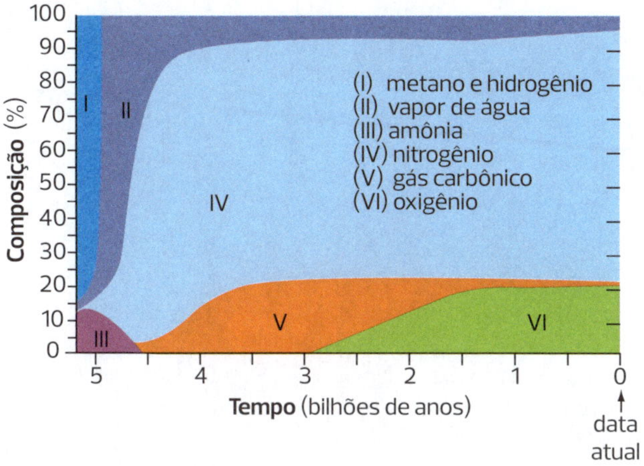

Adaptado de: *The Random House Encyclopedias*. 3. ed. 1990.

Considerando apenas a composição atmosférica, isolando outros fatores, pode-se afirmar que:

I não podem ser detectados fósseis de seres aeróbicos anteriores a 2,9 bilhões de anos.

II as grandes florestas poderiam ter existido há aproximadamente 3,5 bilhões de anos.

III o ser humano poderia existir há aproximadamente 2,5 bilhões de anos.

É correto o que se afirma em:

a) I, apenas.
b) II, apenas.
c) I e II, apenas.
d) II e III, apenas.
e) I, II e III.

Considere o texto e a ilustração a seguir para responder às três questões seguintes.

O assunto na aula de Biologia era a evolução do homem. Foi apresentada aos alunos uma árvore filogenética, igual à mostrada na ilustração, que relacionava primatas atuais e seus ancestrais.

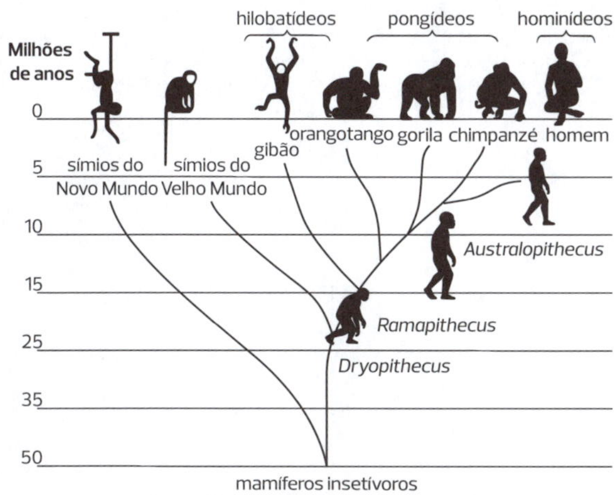

Árvore filogenética provável dos antropoides

7 Após observar o material fornecido pelo professor, os alunos emitiram várias opiniões, a saber:

I Os macacos antropoides (orangotango, gorila, chimpanzé e gibão) surgiram na Terra mais ou menos contemporaneamente ao homem.

II Alguns homens primitivos, hoje extintos, descendem dos macacos antropoides.

III Na história evolutiva, os homens e os macacos antropoides tiveram um ancestral comum.

IV Não existe relação de parentesco genético entre macacos antropoides e homens.

Analisando a árvore filogenética, você pode concluir que:

a) todas as afirmativas estão corretas.
b) apenas as afirmativas I e III estão corretas.
c) apenas as afirmativas II e IV estão corretas.
d) apenas a afirmativa II está correta.
e) apenas a afirmativa IV está correta.

8 Foram feitas comparações entre DNA e proteínas da espécie humana com DNA e proteínas de diversos primatas. Observando a árvore filogenética, você espera que os dados bioquímicos tenham apontado, entre os primatas atuais, como nosso parente mais próximo o:

a) *Australopithecus*.
b) chimpanzé.
c) *Ramapithecus*.
d) gorila.
e) orangotango.

9 Se fosse possível a uma máquina do tempo percorrer a evolução dos primatas em sentido contrário, aproximadamente quantos milhões de anos precisaríamos retroceder, de acordo com a árvore filogenética apresentada, para encontrar o ancestral comum do homem e dos macacos antropoides (gibão, orangotango, gorila e chimpanzé)?

a) 5
b) 10
c) 15
d) 30
e) 60

Ecologia

A ciência que estuda como os seres vivos se relacionam entre si e com o ambiente em que vivem é a Ecologia (*oikos* = 'casa' e, por extensão, ambiente; *logos* = 'estudo').

Conhecer conceitos da Ecologia nos ajuda a participar, de forma esclarecida, das decisões que afetam a sociedade e o meio ambiente. Entre os conceitos importantes dessa ciência, está o conceito de cadeia alimentar.

capítulo 9

Cadeias, teias e pirâmides alimentares

Os alimentos fornecem energia para o ser vivo realizar suas atividades e também fornecem a matéria necessária à formação do corpo e ao crescimento, entre outras funções.

Há uma constante passagem de matéria e de energia pelos seres vivos de uma comunidade; por exemplo, o capim é comido pelo boi e este é comido pelo ser humano.

Neste capítulo, vamos ver como a matéria e a energia são transferidas de um organismo para o outro.

1 Cadeias alimentares

Os organismos autotróficos (plantas e alguns seres unicelulares) produzem substâncias orgânicas a partir de gás carbônico, água e sais minerais. A energia usada no processo pode vir de reações químicas (quimiossíntese), mas a principal fonte é a luz solar (fotossíntese).

Esses organismos são os produtores ou produtores primários do ecossistema, pois os compostos orgânicos do seu corpo servirão de alimento a todos os outros seres (os heterotróficos). Para se alimentar, os animais herbívoros dependem diretamente dos vegetais; por isso são chamados de consumidores primários.

Esses animais servem de alimento aos carnívoros, que são os consumidores secundários. Esses carnívoros também podem servir de alimento a outros carnívoros, que são os consumidores terciários, e assim por diante, formando uma cadeia alimentar (figura 9.1).

Cada etapa da cadeia alimentar é chamada de nível trófico. Parte da matéria orgânica do corpo dos organismos passa para o nível trófico seguinte. Outra parte, representada por folhas, galhos, fezes, excretas e cadáveres, é devolvida ao ambiente. No solo ou na água essa matéria orgânica morta é transformada em substâncias minerais pela atividade dos fungos e das bactérias, os decompositores (sapróbios, saprófagos ou saprófitos).

Como essas substâncias minerais são utilizadas novamente pelos vegetais na fotossíntese, esses seres desempenham um papel fundamental ao promoverem a reciclagem da matéria orgânica.

2 Teias alimentares

Muitos animais têm alimentação variada, e outros servem de alimento a mais de uma espécie. Há também animais que, por se alimentarem de vegetais e de animais, não se prendem a um único nível trófico e podem ser consumidores primários, secundários ou terciários.

9.1 Exemplo de cadeia alimentar. As setas indicam que a transferência do alimento e da energia ocorre do produtor para os consumidores. (Comprimento, em média, dos organismos: capim: 40 cm a 100 cm; gafanhoto: 1 cm a 8 cm; sapo: 14 cm a 18 cm; serpente: 3 m a 5 m.)

São os animais onívoros (*omni* = 'tudo'; *vorare* = 'devorar'), como o ser humano. Portanto, em uma comunidade há um conjunto de cadeias interligadas, que formam uma teia ou rede alimentar (figura 9.2).

9.2 Esquema de teia alimentar em uma região de floresta. Comprimento aproximado dos animais: preguiça: 45 cm a 86 cm; arara: 80 cm a 90 cm; rato: 7 cm a 16 cm, fora a cauda; capivara: 1 m a 1,30 m; gavião-real: 90 cm a 1 m; jiboia: 3 m a 5 m; onça: 1 m a 2 m, fora a cauda. Fungos e bactérias são decompositores, portanto recebem matéria orgânica de todos os seres vivos da teia. (Os elementos da figura não estão na mesma escala; bactérias e vários fungos são microscópicos; cores fantasia.)

A energia luminosa do Sol é transformada em energia química e armazenada nos compostos orgânicos produzidos pela fotossíntese. Boa parte desses compostos é consumida na respiração da planta e eliminada na forma de gás carbônico, água e outras substâncias minerais.

Desse modo, a planta consegue a energia para seu metabolismo. Parte dessa energia sai desse ser vivo na forma de calor. O restante da matéria orgânica passa a fazer parte do corpo do organismo (raízes, caules e folhas, no caso dos vegetais superiores). A parte da matéria orgânica e da energia que fica retida nos autotróficos compõe o alimento disponível para os consumidores.

Uma parte das substâncias ingeridas por um animal é eliminada nas fezes e na urina. Outra é oxidada na respiração para a produção da energia necessária às atividades do organismo. Esses processos se repetem em todos os níveis da cadeia alimentar.

Como vimos, os resíduos voltam para a cadeia pela ação dos decompositores e da fotossíntese. Assim, a matéria de um ecossistema nunca se esgota. No entanto, parte da energia é transformada em trabalho celular ou sai do corpo do organismo na forma de calor – e este é uma forma de energia que não pode ser usada na fotossíntese.

Por isso, o ecossistema precisa, constantemente, receber energia de fora. Em outras palavras, enquanto a matéria do ecossistema está em permanente reciclagem, parte da energia se perde como calor. Há um fluxo unidirecional de energia, que vai dos produtores para os consumidores.

3 Pirâmides ecológicas

É possível representar os níveis tróficos de um ecossistema por meio de retângulos superpostos, que formam uma pirâmide ecológica (os decompositores não são incluídos nas pirâmides). Há três tipos de pirâmide:

- de número (figura 9.3) – na maioria das cadeias alimentares, os predadores de um nível superior costumam ser maiores que os do nível inferior. Podemos compreender esse fato se lembrarmos que, em princípio, a captura da presa se torna mais fácil se o predador for maior. Mas o número de indivíduos por área ou por volume em um ecossistema diminui da base para o ápice da pirâmide, pois é necessária uma grande quantidade de indivíduos de pequeno porte para sustentar um pequeno número de indivíduos de porte maior.

  Algumas vezes essa situação pode se inverter. Por exemplo, certos animais, como os lobos, caçam em bandos e conseguem capturar presas bem maiores que eles. Isso também ocorre com os parasitas ou uma árvore grande, que sustenta vários herbívoros pequenos. Nesses casos, a pirâmide é invertida: a base é menor que o ápice:

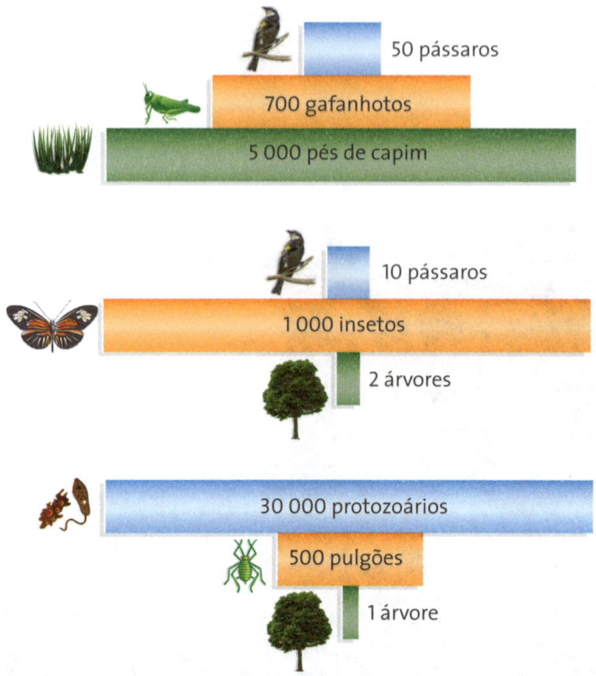

Casa de Tipos/Arquivo da editora

9.3 Pirâmide de número. A largura de cada retângulo é proporcional ao número de indivíduos (por metro quadrado) em cada nível trófico. (Os organismos ilustrados não estão na mesma escala: protozoários, por exemplo, são microscópicos, pulgões têm cerca de 2 mm de comprimento e gafanhotos, de 1 cm a 8 cm. Cores fantasia.)

- de biomassa – a quantidade de matéria orgânica presente no corpo dos seres vivos de determinado nível trófico é chamada de biomassa. Frequentemente, ela é expressa em peso seco (para descontar a água, que não é matéria orgânica) por unidade de área (g/m^2, por exemplo) ou de volume (g/m^3). Por causa da perda de matéria de um nível para outro, em geral ela diminui ao longo da cadeia. O ecologista Eugene Odum calculou que cerca de 8 t de alfafa sustentam 1 t de bezerros em um ano, e estes alimentam nesse período um adolescente de 47 kg (figura 9.4). Também pode aparecer uma pirâmide invertida. Por exemplo, em dado momento, a biomassa de algas microscópicas (fitoplâncton) pode ser menor que a de consumidores primários (zooplâncton).

  A inversão aparece porque a medição da biomassa é relativa apenas àquele momento e não considera a taxa de renovação da matéria orgânica (a velocidade de reprodução do fitoplâncton é maior que a do zooplâncton, o que permite a sua rápida renovação). Se considerarmos o ano inteiro e determinarmos a média, veremos que a quantidade média de fitoplâncton foi maior que a de zooplâncton.

Ilustrações: Casa de Tipos/Arquivo da editora

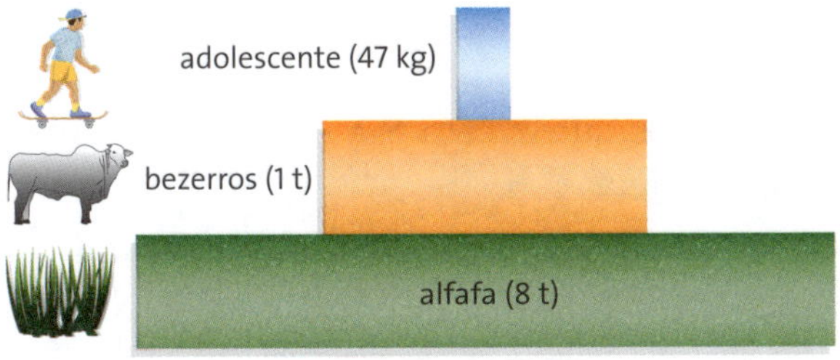

9.4 Pirâmide de biomassa. A largura de cada retângulo indica a quantidade de matéria orgânica, por hectare, em cada nível trófico em determinado momento. (Os organismos ilustrados não estão na mesma escala. Cores fantasia.)

- de energia (figura 9.5) – neste caso, representamos em cada nível trófico a quantidade de energia acumulada por unidade de área ou de volume e por unidade de tempo (kcal/m^2 × ano). Assim, a pirâmide de energia indica a produtividade de um ecossistema, pois considera o fator tempo; por isso nunca fica invertida.

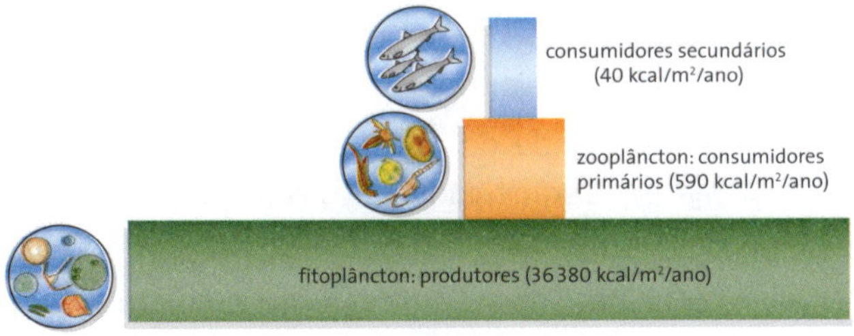

9.5 Exemplo de pirâmide de energia em um lago. (Os elementos da figura não estão na mesma escala: fitoplâncton e zooplâncton são microscópicos. Cores fantasia.)

4 Magnificação trófica

Um dos problemas atuais mais sérios é o acúmulo de substâncias tóxicas no ambiente. Muitos produtos não podem ser decompostos pelas bactérias e pelos fungos: não são biodegradáveis ou então demoram dezenas ou centenas de anos para se decompor, sendo, por isso, chamados poluentes persistentes ou conservativos.

Muitos desses poluentes, uma vez absorvidos por um organismo, demoram muito tempo para ser eliminados e se acumulam até atingir concentrações nocivas, podendo provocar doenças e até a morte. É o caso de metais, como o mercúrio e o chumbo, e de substâncias orgânicas (em geral sintéticas), como o inseticida DDT (diclorodifeniltricloroetano).

Por causa da redução da biomassa na passagem de um nível trófico para outro, a concentração do produto tóxico aumenta nos organismos ao longo da cadeia alimentar, e os organismos dos últimos níveis tróficos acabam absorvendo doses altas dessas substâncias prejudiciais à saúde. Esse fenômeno é conhecido como magnificação trófica ou bioacumulação.

Um caso trágico de intoxicação por mercúrio ocorreu no Japão, em 1932, quando uma indústria começou a despejar a substância nas águas da baía de Minamata. O mercúrio foi transformado por bactérias no composto orgânico chamado metilmercúrio. Este foi absorvido pelo plâncton e, através da cadeia alimentar, atingiu os peixes e moluscos, que serviam de alimento para a população local.

Por volta de 1950, começaram a aparecer os problemas decorrentes do depósito de mercúrio no sistema nervoso, no fígado e nos rins, causando a morte de cerca de mil pessoas.

Biologia e diversidade

As teias alimentares e a extinção das espécies

Uma das maiores preocupações ecológicas de nossa época é a destruição da biodiversidade, isto é, da variedade de seres vivos existentes em determinado lugar ou no planeta como um todo. Toda a espécie faz parte de uma teia alimentar, e sua extinção pode provocar desequilíbrios ecológicos e até mesmo a extinção de outras espécies.

Por exemplo, o desaparecimento de uma espécie de borboleta de Cingapura ocorreu depois que as videiras que serviam de alimento para suas larvas se extinguiram. Segundo cálculos de alguns pesquisadores, a extinção de cerca de 6 mil plantas levaria ao desaparecimento de mais de 4 mil espécies de besouros e de mais de 100 espécies de borboletas. O desaparecimento de cerca de mil espécies de pássaros ainda provocaria a extinção de mais de 300 espécies de vermes e de cerca de 200 espécies de ácaros .

A extinção de espécies não causaria apenas desequilíbrios ecológicos, mas provocaria a perda de muitas substâncias químicas que poderiam ser usadas na fabricação de medicamentos e outros produtos. Além disso, impediria o surgimento de espécies mais produtivas ou mais resistentes, provenientes de cruzamentos de espécies selvagens com espécies domésticas ou da transferência de genes pelas técnicas de engenharia genética.

Aplique seus conhecimentos

Leia o texto abaixo e responda à questão.

Garimpo e poluição

Em certos estados do Brasil, principalmente Amazonas, Pará e Mato Grosso, os garimpeiros usam o mercúrio para separar o ouro das impurezas, e isso polui os rios da região. Pela cadeia alimentar, o mercúrio pode chegar a uma concentração perigosa no corpo dos peixes, que, se ingeridos pelas pessoas, podem provocar doenças.

Portanto, é preciso monitorar a concentração de mercúrio no ambiente do garimpo e disponibilizar os equipamentos que evitam que esse metal escape para a atmosfera.

- Por que nas regiões de garimpo os peixes carnívoros, como a piranha, apresentam uma concentração de mercúrio maior que os peixes herbívoros?

Compreendendo o texto

1 Por que os produtores são indispensáveis à comunidade?

2 Qual a importância dos decompositores para o ecossistema?

3 Monte uma cadeia alimentar com os seguintes organismos: tubarão, sardinha, algas, pequenos crustáceos.

4 O que acontece, geralmente, com o número de seres em cada nível trófico? E com a biomassa?

5 Como você explica a diminuição de energia ao longo da cadeia alimentar?

Refletindo e concluindo

1 (Udesc) Em relação às pirâmides ecológicas, assinale a alternativa incorreta.

a) Uma pirâmide de números pode apresentar-se invertida.
b) A pirâmide de energia indica a quantidade de energia que passa de um nível trófico a outro.
c) A base da pirâmide de massa são os produtores.
d) Todas possuem base larga e topo mais estreito.
e) Os consumidores ocupam vários níveis tróficos.

2 (Unaerp-SP) Considere uma cadeia alimentar simples, como indicado, e assinale a opção correta com relação ao fluxo de energia e à quantidade de matéria na mesma:

planta (produtor) ——— herbívoro (presa) ——— carnívoro (predador)

a) A quantidade de energia será menor no predador.
b) A quantidade de energia poderá ser maior no predador, dependendo da quantidade de presas disponíveis.
c) A quantidade de energia será constante em cada nível trófico, apenas a quantidade de matéria será maior no predador.
d) A quantidade de energia e a quantidade de matéria serão maiores no predador.
e) A quantidade de matéria será maior no produtor e a quantidade de energia será maior no predador.

3 (Fuvest-SP) O esquema representa o fluxo de energia entre os níveis tróficos (pirâmide de energia) de um ecossistema.

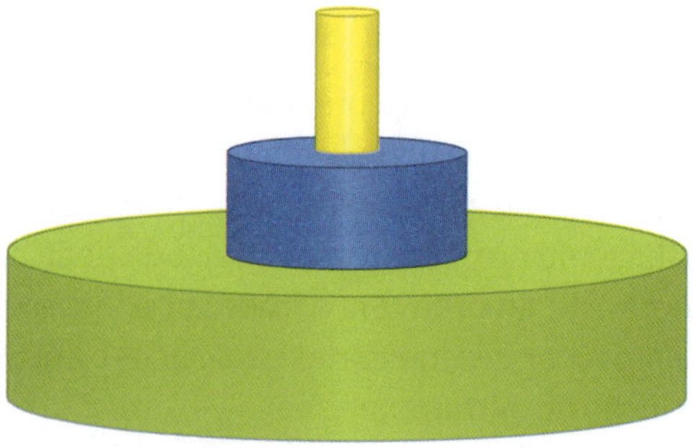

Essa representação indica, necessariamente, que:

a) o número de indivíduos produtores é maior do que o de indivíduos herbívoros.
b) o número de indivíduos carnívoros é maior do que o de indivíduos produtores.

c) a energia armazenada no total das moléculas orgânicas é maior no nível dos produtores e menor no nível dos carnívoros.

d) cada indivíduo carnívoro concentra mais energia do que cada herbívoro ou cada produtor.

e) o conjunto dos carnívoros consome mais energia do que o conjunto de herbívoros e produtores.

4 (Unip-SP) O esquema abaixo representa uma teia alimentar de uma lagoa, onde foi aplicado DDT.

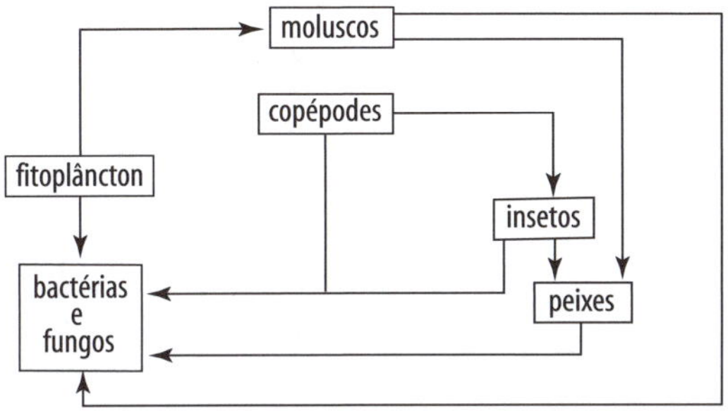

Sabendo que o DDT tem efeito cumulativo, em qual dos elementos da cadeia alimentar haverá maior concentração desse inseticida?

a) moluscos

b) insetos

c) copépodes

d) peixes

e) fitoplâncton

5 (Vunesp-SP) Observe, inicialmente, as duas cadeias alimentares:

1. árvore → preguiças → pulgas → protozoários
2. milho → roedores → cobras → gaviões

Observe os modelos de pirâmides a seguir:

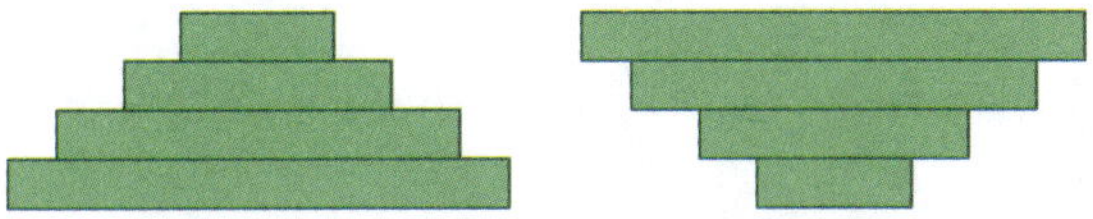

pirâmide I   pirâmide II

É correto afirmar, com relação às cadeias 1 e 2 e aos modelos de pirâmides I e II, que:

a) a pirâmide I pode representar tanto o número de indivíduos como a quantidade de energia disponível em cada nível trófico da cadeia 2.

b) a pirâmide II pode representar tanto o número de indivíduos como a quantidade de energia disponível em cada nível trófico da cadeia 1.

c) a pirâmide II pode representar a quantidade de energia disponível em cada nível trófico da cadeia 2.

d) a pirâmide I pode representar o número de indivíduos em cada nível trófico da cadeia 1.

e) a pirâmide I pode representar o número de indivíduos da cadeia 2, e a pirâmide II, a quantidade de energia disponível em cada nível trófico da cadeia 1.

Questões para análise

1 (Fuvest-SP) O diagrama abaixo é uma pirâmide de energia:

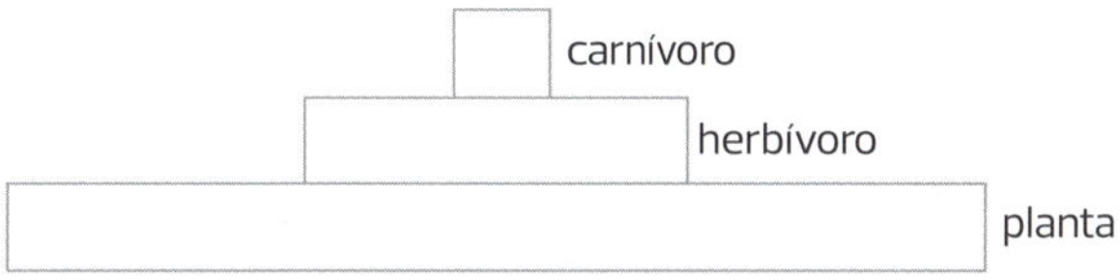

a) O que representa a largura de cada nível do diagrama?

b) Por que a largura de um nível não pode ser maior que a do nível abaixo dele?

2 (PUC-SP) Analise a teia alimentar abaixo:

planta → insetos → aranhas
↓ ↙
pássaros

Suponha nessa comunidade a introdução de uma espécie que se alimente de pássaros.

a) A que nível trófico pertencerá essa nova espécie?

b) Com a introdução dessa nova espécie na comunidade, o que poderá ocorrer com as populações de insetos e aranhas?

Respostas da seção "Refletindo e concluindo" e do Enem

Capítulo 1

1. c
2. b
3. b
4. e
5. b
6. b
7. a
8. b
9. V, V, V, F
10. d
11. c

Enem

c

Capítulo 2

1. c
2. b
3. c
4. c
5. b
6. c
7. e
8. a
9. c
10. c
11. d
12. a
13. d
14. c
15. d

Capítulo 3

1. b
2. b
3. c
4. c
5. a
6. d
7. e
8. c
9. e
10. c
11. c
12. a

Capítulo 4

1. d
2. c
3. b
4. e
5. d
6. a
7. d
8. d
9. a
10. a
11. e
12. b
13. a
14. b
15. e

Capítulo 5

1. b
2. c
3. c
4. c
5. a
6. a
7. c
8. d
9. d
10. e
11. b
12. e
13. a
14. c
15. c

Capítulo 6

1. e
2. d
3. a
4. b
5. b
6. e
7. c
8. c
9. b
10. e
11. c
12. c

Capítulo 7

1. d
2. c
3. b
4. c
5. a
6. b
7. e
8. d
9. V, V, V, F, F
10. d
11. 10
12. b
13. d
14. d

Enem

1. a
2. d
3. b
4. d

Capítulo 8

1. e
2. d
3. a
4. a, b, e, f
5. c
6. d
7. e
8. c
9. b
10. e
11. c
12. b
13. d
14. a, d
15. e
16. b

Enem

1. c
2. b
3. c
4. b
5. e
6. a
7. b
8. b
9. c

Capítulo 9

1. d
2. a
3. c
4. d
5. a